电力消防安全技术

国网河南省电力公司　组编

中国水利水电出版社
www.waterpub.com.cn
·北京·

内 容 提 要

  本书为配合国家电网有限公司电气火灾综合治理三年专项行动，根据国家相关法律、法规和行业标准、规范，结合工作实际，从燃烧原理、火灾分类以及电气火灾预防、扑救等消防基础知识切入，全面系统地介绍了变电设施、线路区域、基建工地以及职工家庭的火灾防范措施，最后介绍了消防安全责任制的具体内容，并对国务院《消防安全责任制实施办法》的重点条款进行了解读。

  本书可作为供电企业各基层单位的消防安全培训教材，也可作为消防安全知识普及的参考学习资料。

图书在版编目（CIP）数据

电力消防安全技术 / 国网河南省电力公司组编. --
北京 ：中国水利水电出版社，2019.9(2022.11重印)
 ISBN 978-7-5170-7983-5

 Ⅰ. ①电… Ⅱ. ①国… Ⅲ. ①电力工业－消防－基本
知识 Ⅳ. ①TM08

  中国版本图书馆CIP数据核字(2019)第194760号

书　　名	**电力消防安全技术** DIANLI XIAOFANG ANQUAN JISHU
作　　者	国网河南省电力公司　组编
出版发行	中国水利水电出版社 （北京市海淀区玉渊潭南路 1 号 D 座　100038） 网址：www.waterpub.com.cn E - mail：sales@mwr.gov.cn 电话：（010）68545888（营销中心）
经　　售	北京科水图书销售有限公司 电话：（010）68545874、63202643 全国各地新华书店和相关出版物销售网点
排　　版	中国水利水电出版社微机排版中心
印　　刷	天津嘉恒印务有限公司
规　　格	170mm×230mm　16 开本　11 印张　209 千字
版　　次	2019 年 9 月第 1 版　2022 年 11 月第 3 次印刷
印　　数	6001—9000 册
定　　价	**48.00** 元

本书编委会

随着社会经济快速发展和再电气化的深入推进，电气火灾逐步呈现多发、高发态势，给国家和人民群众生命财产造成巨大损失。2017年6月，国家电网有限公司认真贯彻落实国务院决策部署，在全系统范围内组织开展为期三年的电气火灾综合治理工作。国网河南省电力公司高度重视电气消防安全工作，严格落实安全责任，强化电气火灾隐患排查治理，提升消防应急处置能力，健全消防安全长效机制，加强与消防部门联动，勇担企业社会责任，为有效遏制系统内外电气火灾多发趋势做出了应有的贡献。

电气火灾综合治理涉及多个领域、多个环节，必须坚持"安全第一，预防为主，综合治理"的原则，加强沟通与协作，建立全方位、全链条、全覆盖的"闭环式"管理机制，坚持问题导向、综合施策、联合发力，才能确保治理工作取得实效。为配合开展电气火灾综合治理三年专项行动，国网河南省电力公司组织系统内长期从事消防安全工作的专业人员共同策划、编写了本书。本书的出版对指导各基层单位开展电气火灾综合治理等各项消防安全具体工作、提高广大员工消防安全意识和应急逃生技能、提升公司整体火灾防范能力有着非常积极的作用。

由于编者水平有限，书中疏漏在所难免，希望广大读者在使用中对本书提出建议，以便更好地修编完善。

编者

目录

前言

第一章

消 防 基 础 知 识

第一节 消 防 常 识

一、消防的概念

消防是指包括防火与灭火在内的同火灾做斗争的一种专项工作。唐代时期叫火政，其方针是："防为上，戒为下，救为次"。消防一词最早则在清朝末年由日本传到中国，当时的含义是消除与预防火灾、水患等灾害，后来逐步具有现代人所共知的词义，一直沿用至今。现在消防具有两个意思：消——救火；防——防火。

二、消防工作的意义

消防工作是国民经济和社会发展的重要组成部分，直接关系到人民生命和财产的安全，是构建和谐社会的基本条件和要求。因此全社会必须高度重视并认真做好消防工作，每个人都应该学习和掌握基本的消防安全知识，共同维护公共消防安全。

三、消防工作的方针

根据《中华人民共和国消防法》，我国的消防工作应贯彻"预防为主，防消结合"的方针，按照政府统一领导、部门依法监督、单位全面负责、公民积极参与的原则，实现消防安全责任制，建立健全社会化的消防工作网络。这不仅是人民群众长期同火灾作斗争的经验总结，也反映了消防工作的客观规律，体现了防和消的辩证关系。

预防为主：要在同火灾的斗争中，把预防火灾的工作作为重点，放在首位，积极贯彻落实各项防火措施，力求防止火灾的发生。事实证明，只要人们具有较强的消防安全意识，自觉遵守和执行消防法律、法规以及国家消防技术标准，遵守安全操作规程，绝大多数火灾是可以预防的，是完全可以做到防患于未然的。

防消结合：在做好预防为主的同时，把"消"作为"防"的一部分，把预防火灾和扑救火灾结合起来，做好扑救火灾的各项准备工作，作为预防不足的辅助措施，使"防"和"消"的工作紧密结合为一体，一旦发生火灾，能够及

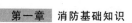

时发现、有效扑救，最大限度地减少人员伤亡和财产损失。

四、消防工作的原则

消防工作，坚持"谁主管，谁负责"的原则，就是一个地区、一个单位的消防安全工作，要由本地区、本系统、本单位自己负责，谁主管哪项工作，就要对哪项工作领域的消防安全负责。"谁主管，谁负责"的原则是国务院办公厅于1987年3月21日在《关于制止重大火灾事故的通知》中提出。

另外，消防工作还应该坚持"谁主管，谁负责""谁主办，谁负责""谁在岗，谁负责"的原则。

《中华人民共和国消防法》第二条还提出：坚持专门机关与群众相结合的原则，实行防火安全责任制。

五、消防工作的性质

消防工作是人类在同火灾做斗争的过程中逐步形成和发展起来的一项专门工作，它是由国家行政管理部门管辖的社会安全保障性质的措施。

六、消防工作的特点

消防工作具有广泛的社会性、群众性，是一项专业性很强的工作，涉及各行各业、千家万户乃至每个家庭和个人，它同时又是一项知识性、科学性很强的工作，与科学技术息息相关。

七、消防工作的任务

消防工作的任务是保卫社会主义现代化建设，保护公共财产和公民生命财产的安全。

第二节　燃　烧　的　实　质

一、燃烧的条件

燃烧是指可燃物与氧化剂作用发生的放热反应，通常伴有火焰、发光和（或）发烟现象。燃烧过程中，燃烧区的温度较高，使其中白炽状态的固体粒子和某些不稳定（或受激发）的中间物质分子内电子发生能级跃迁，从而发出各种波长的光。发光的气相燃烧区就是火焰，它是燃烧过程中最明显的标志。由于燃烧不完全等原因，会在产物中产生一些小颗粒，这样就形成了烟。

燃烧可分为有焰燃烧和无焰燃烧。通常看到的明火都是有焰燃烧；有些固体发生表面燃烧时，有发光发热的现象，但是没有火焰产生，这种燃烧方式则是无焰燃烧。燃烧的发生和发展必须具备三个必要条件，即可燃物、助燃物

（氧化剂）和引火源（温度）。当燃烧发生时，上述三个条件必须同时具备，如果有一个条件不具备，那么燃烧就不会发生。

1. 可燃物

凡是能与空气中的氧气或其他氧化剂起化学反应的物质，均称为可燃物，如木材、氢气、汽油、煤炭、纸张、硫等。可燃物按其化学组成可分为无机可燃物和有机可燃物两大类；按其所处的状态，又可分为可燃固体、可燃液体和可燃气体三大类。

2. 助燃物（氧化剂）

与可燃物结合能导致和支持燃烧的物质称为助燃物，如广泛存在于空气中的氧气。普通意义上，可燃物的燃烧均是指在空气中进行的燃烧。在一定条件下，各种不同的可燃物发生燃烧，均有本身固定的最低氧含量要求，氧含量过低，即使其他必要条件已经具备，燃烧仍不会发生。

3. 引火源（温度）

凡是能引起物质燃烧的点燃能源，统称为引火源。在一定条件下，各种不同的可燃物只有达到一定能量才能引起燃烧。常见的引火源有下列几种：

（1）明火。明火是指生产和生活中的炉火、烛火、焊接火、吸烟火，撞击、摩擦打火，机动车辆排气管火星、飞火等。

（2）电弧、电火花。电弧、电火花是指电气设备、电气线路、电气开关及漏电打火，电话、手机等通信工具火花，静电火花（物体静电放电、人体衣物静电打火、人体积聚静电对物体放电打火）等。

（3）雷击。雷击瞬间高压放电能引燃任何可燃物。

（4）高温。高温是指高温加热、烘烤、积热不散、机械设备故障发热、摩擦发热、聚焦发热等。

（5）自燃引火源。自燃引火源是指在既无明火又无外来热源的情况下，物质本身自行发热、燃烧起火，如白磷、烷基铝在空气中会自行起火；钾、钠等金属遇水着火；易燃、可燃物质与氧化剂、过氧化物接触起火等。

研究表明，大部分燃烧的发生和发展除了具备上述三个必要条件以外，其燃烧过程中还存在未受抑制的自由基（自由基是一种高度活泼的化学基团，能与其他自由基和分子起反应，从而使燃烧按链式反应的形式扩展，也称游离基。）作中间体。多数燃烧反应不是直接进行的，而是通过自由基团和原子这些中间产物瞬间进行的循环链式反应。自由基的链式反应是这些燃烧反应的实质，光和热是燃烧过程中的物理现象。因此，完整地论述，大部分燃烧的发生和发展需要四个必要条件，即可燃物、助燃物（氧化剂）、引火源（温度）和链式反应自由基。

二、燃烧的类型及其特点

燃烧可从不同角度进行分类，掌握燃烧类型的有关常识，对于了解物质燃烧机理和火灾危险性的评定有着重要的意义。

（一）按燃烧发生瞬间的特点分类

1. 着火

可燃物在与空气共存的条件下，当达到某一温度时，与引火源接触即能引起燃烧，并在引火源离开后仍能持续燃烧，这种持续燃烧的现象叫着火。着火就是燃烧的开始，并且以出现火焰为特征。着火是日常生活中常见的燃烧现象。可燃物的着火方式一般分为下列几类：

（1）点燃（或称强迫着火）。点燃是指从外部能源，诸如电热线圈、电火花、炽热质点、点火火焰等得到能量，使混合气体的局部范围受到强烈的加热而着火。这时就会在靠近引火源处引发火焰，然后依靠燃烧波传播到整个可燃混合物中，这种着火方式习惯上称为引燃。

（2）自燃。物质在无外界火花、火焰等引火源条件下，由于其本身内部所发生的生物、物理或化学变化而产生热量并积蓄，使温度不断上升，从而自然燃烧起来的现象，称为自燃。自燃点是指可燃物发生自燃的最低温度。

1）化学自燃。例如火柴受摩擦而着火；炸药受撞击而爆炸；金属钠在空气中自燃；煤因堆积过高而自燃等。这类着火现象通常不需要外界加热，而是在常温下依据自身的化学反应发生，因此习惯上称为化学自燃。

2）热自燃。如果将可燃物和氧化剂的混合物预先均匀地加热，随着温度的升高，当混合物加热到某一温度时便会自动着火（这时着火发生在混合物的整个容积中），这种着火方式习惯上称为热自燃。

2. 爆炸

爆炸是指物质由一种状态迅速地转变成另一种状态，并在瞬间以机械功的形式释放出巨大的能量，或是气体、蒸气在瞬间发生剧烈膨胀等现象。爆炸的一个最重要的特征是爆炸点周围发生剧烈的压力突变，这种压力突变就是爆炸产生破坏作用的原因。

（二）按燃烧物形态分类

燃烧物按燃烧物形态分为气体燃烧、液体燃烧和固体燃烧。可燃物质受热后，因其聚集状态的不同而发生不同的变化。绝大多数可燃物质的燃烧都是在蒸气或气体的状态下进行的，并出现火焰。而有的物质则不能变为气体，其燃烧发生在固体中，如焦炭燃烧时呈灼热状态。由于可燃物质的性质、状态不同，燃烧的特点也不一样。

1. 气体燃烧

可燃气体的燃烧不需要像固体、液体那样经熔化、蒸发过程，其所需热量仅用于氧化或分解，或者将气体加热到燃点，因此容易燃烧且燃烧速度快。根据燃烧前可燃气体与氧气混合状况不同，其燃烧方式分为扩散燃烧和预混燃烧。

（1）扩散燃烧。扩散燃烧即可燃性气体和蒸气分子与气体氧化剂互相扩散，边混合边燃烧。在扩散燃烧中，可燃气体与空气或氧气的混合是靠气体的扩散作用来实现的，混合过程要比燃烧反应过程慢得多，燃烧过程处于扩散区域内，燃烧速度的快慢由物理混合速度决定。

扩散燃烧的特点为：燃烧比较稳定，火焰温度相对较低，扩散火焰不运动，可燃气体与气体氧化剂的混合在可燃气体喷口进行，燃烧过程不发生回火现象（火焰缩入火孔内部的现象）。对稳定的扩散燃烧，只要控制得好，就不会造成火灾，一旦发生火灾也较易扑救。

（2）预混燃烧。预混燃烧是指可燃气体、蒸汽预先同空气或氧气混合，遇引火源产生带有冲击力的燃烧。预混燃烧一般发生在封闭体系中或在混合气体向周围扩散的速度远小于燃烧速度的敞开体系中，燃烧放热造成产物体积迅速膨胀，压力升高，压强可达 709.1～810.4kPa。火焰在预混气中传播，存在正常火焰传播和爆轰两种方式。按照混合程度的不同，预混燃烧还可分为部分预混式燃烧和完全预混式燃烧。

预混燃烧的特点为：燃烧反应快，温度高，火焰传播速度快，反应混合气体不扩散，在可燃混合气体中引入一火源即产生一个火焰中心，成为热基与化学活性粒子集中源。预混气体从管口喷出发生动力燃烧，若流速大于燃烧速度，则在管中形成稳定的燃烧火焰，燃烧充分，燃烧速度快，燃烧区呈高温白炽状，如汽灯的燃烧；若可燃混合气体在管口流速小于燃烧速度，则会发生"回火"，如制气系统检修前不进行置换就烧焊，燃气系统于开车前不进行吹扫就点火，用气系统产生负压"回火"或漏气未被发现而用火时，往往形成动力燃烧，有可能造成设备损坏和人员伤亡。

2. 液体燃烧

易燃、可燃液体在燃烧过程中并不是液体本身在燃烧，而是液体受热时蒸发出来的液体蒸气被分解、氧化达到燃点而燃烧，即蒸发燃烧。因此，液体能否发生燃烧以及燃烧速率高低与液体的蒸气压、闪点、沸点和蒸发速率等性质密切相关。可燃液体会产生闪燃的现象。可燃液态烃类燃烧时，通常产生橘色火焰并散发浓密的黑色烟云。醇类燃烧时，通常产生透明的蓝色火焰，几乎不产生烟雾。某些醚类燃烧时，液体表面伴有明显的沸腾状，这类物质的火灾较难扑灭。在含有水分、黏度较大的重质石油产品（如原油、重油、沥青油等）

燃烧时，沸腾的水蒸气带着燃烧的油向空中飞溅，这种现象称为扬沸（沸溢和喷溅）。

（1）闪燃。闪燃是指易燃或可燃液体（包括可熔化的少量固体，如石蜡、樟脑、萘等）挥发出来的蒸气分子与空气混合后，达到一定的浓度时，遇引火源产生一闪即灭的现象。发生闪燃的原因是易燃或可燃液体在闪燃温度下蒸发的速度比较慢，蒸发出来的蒸气仅能维持一刹那的燃烧，来不及补充新的蒸气维持稳定的燃烧，因而一闪就灭了。但闪燃却是引起火灾事故的先兆之一。闪点则是指易燃或可燃液体表面产生闪燃的最低温度。

（2）沸溢。以原油为例，其黏度比较大，并且都含有一定的水分，以乳化水和水垫两种形式存在。所谓乳化水是原油在开采运输过程中，原油中的水由于强力搅拌形成细小的水珠悬浮于油中。放置久后，油水分离，水因密度大而沉降在底部形成水垫。

燃烧过程中，这些沸程较宽的重质油品产生热波，在热波向液体深层运动时，由于温度远高于水的沸点，因而热波会使油品中的乳化水汽化，大量的水蒸气穿过油层向液面上浮，在向上移动过程中形成油包气的气泡，即油的一部分形成了含有大量水蒸气气泡的泡沫。这样，必然使液体体积膨胀，向外溢出，同时部分未形成泡沫的油品也被下面的水蒸气膨胀力抛出罐外，使液面猛烈沸腾起来，这种现象叫沸溢。

从沸溢过程可以看出，沸溢形成必须具备三个条件：原油具有形成热波的特性，即沸程宽，密度相差较大；原油中含有乳化水，水遇热波变成水蒸气；原油黏度较大，使水蒸气不容易从下向上穿过油层。

（3）喷溅。在重质油品燃烧过程中，随着热波温度的逐渐升高，热波向下传播的距离也加大，当热波达到水垫时，水垫的水大量蒸发，水蒸气体积迅速膨胀，把水垫上面的液体层抛向空中，向罐外喷射，这种现象叫喷溅。一般情况下，发生沸溢要比发生喷溅的时间早得多。发生沸溢的时间与原油的种类、水分含量有关。根据试验，含有 1‰水分的石油，经 45～60min 燃烧就会发生沸溢。喷溅发生的时间与油层厚度、热波移动速度及油的燃烧线速度有关。

研究表明，油滴飞溅高度和散落面积与油层厚度、油池直径有关，一般散落面积的直径与油池直径之比均在 10 以上。由于喷溅带出的燃油从池火燃烧状态转变为液滴燃烧状态，改变了燃烧条件，燃烧强度和危险性随之增加，并且油滴在飞溅过程中和散落后将继续燃烧，极易造成火灾的迅速扩大，影响周边其他可燃物及人员、设备等，造成伤亡和损失，所以，对油池火灾而言，要避免喷溅现象的发生。

3. 固体燃烧

（1）蒸发燃烧。硫、磷、钾、钠、蜡烛、松香、沥青等可燃固体，在受到火源加热时，先熔融蒸发，随后蒸气与氧气发生燃烧反应，这种形式的燃烧一般称为蒸发燃烧。樟脑、萘等易升华物质，在燃烧时不经过熔融过程，但其燃烧现象也可看作是一种蒸发燃烧。

（2）表面燃烧。可燃固体（如木炭、焦炭、铁、铜等）的燃烧反应是在其表面由氧气和物质直接作用而发生的，称为表面燃烧。这是一种无火焰的燃烧，有时又称之为异相燃烧。

（3）分解燃烧。可燃固体，如木材、煤、合成塑料、钙塑材料等，在受到火源加热时，先发生热分解，随后分解出的可燃挥发分与氧气发生燃烧反应，这种形式的燃烧一般称为分解燃烧。

（4）熏烟燃烧（阴燃）。可燃固体在空气不流通、加热温度较低、分解出的可燃挥发分较少或逸散较快、含水分较多等条件下，往往发生只冒烟而无火焰的燃烧现象，就是熏烟燃烧，又称阴燃。阴燃是固体材料特有的燃烧形式，但其能否发生，主要取决于固体材料自身的理化性质及其所处的外部环境。很多固体材料，如纸张、锯末、纤维织物、胶乳橡胶等，都能发生阴燃。这是因为这些材料受热分解后能产生刚性结构的多孔炭，从而具备多孔蓄热并使燃烧持续下去的条件。此外，阴燃的发生需要有一个供热强度适宜的热源，通常有自燃热源、阴燃本身的热源和有焰燃烧火焰熄灭后的阴燃等。

（5）动力燃烧（爆炸）。动力燃烧是指可燃固体或其分解析出的可燃挥发分遇火源所发生的爆炸式燃烧，主要包括叮燃粉尘爆炸、炸药爆炸、轰燃等几种情形。其中，轰燃是指可燃固体由于受热分解或不完全燃烧析出可燃气体，当其以适当比例与空气混合后再遇火源时，发生的爆炸式预混燃烧。例如，能析出一氧化碳的赛璐璐、能析出氰化氢的聚氨酯等，在大量堆积燃烧时，常会产生轰燃现象。建筑室内火灾发生过程中可能会产生该现象。

需要指出的是，各种燃烧形式的划分不是绝对的，有些可燃固体的燃烧往往包含两种或两种以上的形式。例如，在适当的外界条件下，木材、棉、麻、纸张等的燃烧会明显地存在分解燃烧、阴燃、表面燃烧等形式。

三、物质燃烧原理在消防上的运用

一切防火措施都是为了防止产生燃烧的条件，防止燃烧条件互相结合、互相作用。

1. 物质燃烧的防火基本措施

（1）控制可燃物。可燃物是燃烧过程的物质基础，所以，对可燃物质的使用要格外谨慎小心。在选材时，尽量选用难燃或不燃的材料替代可燃材料。例如：用水泥代替木料建筑房屋，用防火漆浸涂可燃物以提高其耐火性能；对于具有火灾、爆炸危险性的厂房，采用通风或抽风方法以降低可燃气体、蒸气和粉尘在空气中的浓度；凡是能发生相互作用的物品，要分开存放等。

（2）隔绝空气。易燃易爆物的生产过程应在密封的设备内进行，对有异常危险的生产，可充装惰性气体进行保护；隔绝空气储存某些化学危险品，如金属钠存于煤油中，黄磷存于水中，二硫化碳用水封闭存放等。

（3）清除着火源。可采取隔离火源、控制温度、接地、避雷、安装防爆灯、遮挡阳光等措施，防止可燃物遇明火或温度升高而起火。

（4）阻止火势、爆炸波的蔓延。为阻止火势、爆炸波的不断蔓延，就要防止新的燃烧条件形成，从而防止火灾火势扩大，减少火灾损失。具体可实施的措施包括：在可燃气体管路上安装安全水封、阻火器；轮船、机车、汽车、推土机的排气和排烟系统戴防火帽；在压力容器设备上安装安全阀、防爆膜，在建筑物之间筑防火墙，留防火间距等。

2. 由物质燃烧原理引出的灭火方法

（1）冷却灭火法。冷却灭火法根据可燃物质发生燃烧时必须达到一定的温度条件引出，将灭火剂直接喷洒在燃烧的物质上，使可燃物的温度降低到燃点以下，从而使燃烧终止。

（2）隔离灭火法。隔离灭火法将已经着火的物体与附近的可燃物隔离或疏散开，从而使燃烧停止。

（3）窒息灭火法。窒息灭火法采取适当的措施防止空气流入燃烧区，使燃烧因燃烧物质缺乏或断绝氧气而熄灭。

（4）抑制灭火法。抑制灭火法使燃烧过程中产生的游离基消失，形成稳定分子，从而使燃烧反应停止。消防工作中常采用此方法，如使用干粉灭火器、1211灭火器等。

第三节 火灾基础知识

一、火灾的定义

根据国家标准，火灾是指在时间或空间上失去控制的燃烧。

二、火灾的分类

1. 按照燃烧对象的性质分类

按照《火灾分类》（GB/T 4968—2008），火灾分为A、B、C、D、E、F六类。

（1）A类火灾。固体物质火灾。这种物质通常具有有机物性质，一般在燃烧时能产生灼热的余烬，例如木材、棉、毛、麻、纸张等引发的火灾。

（2）B类火灾。液体或可熔化固体物质火灾。例如汽油、煤油、原油、甲醇、乙醇、沥青、石蜡等引发的火灾。

（3）C类火灾。气体火灾。例如煤气、天然气、甲烷、乙烷、氢气、乙炔等引发的火灾。

（4）D类火灾。金属火灾。例如钾、钠、镁、钛、锆、锂等引发的火灾。

（5）E类火灾。带电火灾。物体带电燃烧的火灾，例如变压器等设备的电气火灾等。

（6）F类火灾。烹饪器具内的烹饪物（如动物油脂或植物油脂）引发的火灾。

2. 按照火灾事故所造成的灾害损失程度分类

依据国务院 2007 年 4 月 9 日颁布的《生产安全事故报告和调查处理条例》（国务院令 493 号）中规定的生产安全事故等级标准，消防部门将火灾相应地分为特别重大火灾、重大火灾、较大火灾和一般火灾四个等级。

（1）特别重大火灾是指造成 30 人及以上死亡，或 100 人及以上重伤，或一亿元及以上直接财产损失的火灾。

（2）重大火灾是指造成 10 人及以上、30 人以下死亡，或 50 人及以上、100 人以下重伤，或 5000 万元及以上、一亿元以下直接财产损失的火灾。

（3）较大火灾是指 3 人及以上、10 人以下死亡，或 10 人及以上、50 人以下重伤，或 1000 万元及以上、5000 万元以下直接财产损失的火灾。

（4）一般火灾是指 3 人以下死亡，或 10 人以下重伤，或 1000 万元以下直接财产损失的火灾（注："以上"包括本数，"以下"不包括本数）。

三、火灾的危害

火灾危害生命安全，造成经济损失，破坏文明成果，影响社会稳定，破坏生态环境。

四、火灾发生的常见原因

1. 电气火灾

近年来，我国电气火灾多发，造成重大人员伤亡和财产损失。据统计，2011—2016 年，我国共发生电气火灾 52.4 万起，造成 3261 人死亡、2063 人受伤，直接经济损失 92 亿余元，均占全国火灾总量及伤亡损失的 30% 以上；其中重特大电气火灾 17 起，占重特大火灾总数的 70%。在各类火灾原因当中居首位。

2. 吸烟

烟蒂和点燃烟后未熄灭的火柴杆温度达到 800℃，能引起许多可燃物质燃烧，在起火原因中占有相当的比重。例如：将没有熄灭的烟头和火柴杆扔在可燃物中引起火灾；躺在床上，特别是醉酒后躺在床上吸烟，烟头掉在被褥上引起火灾；在禁止火种的火灾高危场所，因违章吸烟引起火灾事故。

3. 生活用火不慎

生活用火不慎主要是指城乡居民家庭生活用火不慎。例如：炊事用火中炊事器具设置不当、安装不符合要求、在炉灶的使用中违反安全技术要求等引起火灾；家中烧香祭祀过程中无人看管，造成香灰散落引发火灾等。

4. 生产作业不慎

生产作业不慎主要是指违反生产安全制度引起火灾。例如：在易燃易爆的车间内动用明火，引起爆炸起火；将性质相抵触的物品混存在一起，引起燃烧爆炸；在用气焊焊接和切割时飞出的大量火星和熔渣，因未采取有效的防火措施，引燃周围可燃物；在机器运转过程中，不按时加油润滑，或者没有清除附在机器轴承上面的杂质、废物，使机器该部位摩擦发热，引起附着物起火；化工生产设备失修，出现可燃气体，以及易燃、可燃液体跑、冒、滴、漏，遇到明火燃烧或爆炸等。

5. 玩火

未成年人因缺乏看管，玩火取乐，也是造成火灾发生常见的原因之一。

6. 放火

放火主要是指采用人为放火的方式引起的火灾，一般是当事人以放火为手段试图达到某种目的。这类火灾是当事人故意为之，通常经过一定的策划准备，因而往往缺乏初期救助，火灾发展迅速，后果严重。

7. 雷击

雷电导致火灾的原因一般包括：①雷电直接击中建筑物，发生热效应、机械效应作用等；②雷电产生静电感应作用和电磁感应作用；③高电位雷电波沿着电气线路或金属管道系统侵入建筑物内部。在雷击较多的地区，建筑物上如果没有设置可靠的防雷保护设施，就有可能发生雷击起火。

第四节　消防工作基本内容

一、"四不放过"

火灾事故"四不放过"原则如图 1-1 所示。

（1）事故原因没有查清不放过。

（2）事故责任人员没有受到处理不放过。

（3）事故责任者和广大群众没有受到教育不放过。

（4）事故没有制定出防范措施不放过。

图 1-1　火灾事故"四不放过"原则

二、"四知五熟悉"

（1）四知。知单位基本情况、地址、电话等，知重点防火部位，知单位防火负责人，知单位义务消防组织。

（2）五熟悉。熟悉单位消防水源、道路、设施，熟悉单位的建筑情况，熟悉其工作流程，熟悉火灾危险性程度，熟悉单位的防范措施。

三、公安消防队

公安消防队属于人民武装警察系列，是一支军事化的专业队伍，其主要任务是迅速而有效地扑灭火灾，积极抢救生命，保护和疏散物资，尽量减少损失。

《中华人民共和国消防法》第四十九条规定"公安消防队、专职消防队扑救火灾、应急救援，不得收取任何费用"。

四、"四懂、四会"

"四懂、四会"如图 1-2 所示。

图 1-2　"四懂、四会"

1. "四懂"

（1）懂本岗位的火灾危险性。

（2）懂预防火灾的措施。

（3）懂灭火方法。

（4）懂逃生方法。

"四懂"的意思是要求每个在岗职工不但要懂得生产技术和经营管理，而且还必须把本岗位生产、经营、工作中的火灾危险性搞清楚，还要懂得本岗位有哪些预防火灾的措施、具体办法、具体条文、具体内容,自觉地在本岗位生产、经营、工作中严格执行。在做好本岗位防火工作的基础上,万一本岗位发生了火灾,能采用针锋相对的灭火方法,即什么物质着火,采用什么方法扑救,而且会使用消防器材,发生火灾知道怎样组织疏散人员安全逃生。

2. "四会"

(1) 会报火警。

(2) 会使用消防器材。

(3) 会扑救初起火灾。

(4) 会组织人员疏散逃走。

具体来讲,"四会"的内容包括:①发生火灾时,除利用身边就近的灭火器材进行灭火外,能迅速向公安消防队报火警;②每个员工都要学会正确使用单位所配备的消防器材,做到道理上会讲、拿起来会用,同时要搞清楚每种消防器材的功能;③要求每个在岗员工都要会扑救初起火灾,因为初起阶段是扑灭火灾的最佳时机,初起时火源面积不大,火焰放出的辐射热小,烟和气体的对流速度比较缓慢,只要灭火方法得当,比较容易扑灭,甚至一个灭火器、一盆水、一锹土就能解决,从而避免火灾带来的损失;④逃生穿过浓烟时,切不可迎烟雾直立身体行走,要用湿毛巾、手帕或撕碎衣服捂住口鼻,人的身体尽量贴近地面,弯腰低位或匍匐用手足爬行寻找安全出口。

五、发生火灾后怎么办

发生火灾后报警与救火应当同时进行。因为救火是分秒必争的事情,早一分钟报警,消防车便早到一分钟,就能把火灾扑灭在初起阶段。耽误了时间,就可能小火变大火,小灾成大灾。而且,火灾的发展常常难以预料,有时似乎火势不大,认为自己能够扑救,但是往往由于各种因素,火势突然扩大,此时再向消防队报警,就会使灭火工作处于被动状态。火灾损失的大小与报警迟早有着很大的关系。因此,起火单位或居民住户不能只顾救火而忘了报警,或是灭不了火时才报警,应牢记报警与救火同时进行。

发生火灾时现场只有一个人怎么办?这时,应该一边呼救,一边进行处理。如果有能力,有把握将初起火灾扑灭,而且灭火器就地可取,并懂得使用,就应该立即把火扑灭;如果认为无能力扑灭这次火灾,就应该赶快报警,并在报警的路上边喊边跑,以便取得群众的帮助。

六、怎样打火警电话

1. 打"119"报警

报警时,要讲清楚起火单位、村镇名称和所处城区、街巷、门牌号码;

要讲清楚是什么东西着火，火势大小，是否有人被围困，有无爆炸危险品等情况；要讲清楚报警人的姓名、单位和所用的电话号码，注意倾听消防队询问情况，并准确、简洁地给予回答，待对方明确说明时方可挂断电话。报警后立即派人到单位门口、街道交叉路口迎候消防车，并带领消防车迅速赶到火场。

2. 向周围群众报警

（1）在人员相对集中的场所，如工厂车间、办公楼、居民宿舍区等，可用大声呼喊和敲打发出声响的方法报警。

（2）向群众报警时，应尽量使群众明白什么地方的什么东西着火，是通知人们前来灭火还是紧急疏散；向灭火人员指明起火点的位置，向需要疏散的人员指明疏散的通道和方向。

七、11月9日"消防日"

11月9日的月日数恰好与火警电话号码119相同，而且在这一天前后，正值天干物燥，多为火灾多发季节，全国各地都在紧锣密鼓地开展冬季防火工作。为增加全民的消防安全意识，使用"119"更加深入人心，公安部在一些省（自治区、直辖市）进行"119"消防活动的基础上，于1992年起，将每年的11月9日定为全国"消防日"。消防日海报如图1-3所示。

图1-3　消防日海报

第五节　燃烧物和火场防护

一、日常生产和生活中常见的自燃物品

常见的自燃物品有黄磷、硝化纤维、金属粉末及其硫化物、油布、油纸及

油浸金属丝、赛璐珞、潮湿棉花和稻草等。

二、火场产生的毒气及其安全措施

1. 火场上经常遇到的毒气

在火灾现场经常遇到的有毒气体是因供氧不足而产生的一氧化碳以及氯化氢、二氧化碳、氟化物等燃烧产物。在一些特别场所还会散发出乙炔气、石油气、煤气、氨气、氯气等。火场的燃烧产物和一些气体对人体有很大的危害，有的气体还有着火、爆炸的危险。

2. 安全措施

（1）要查清毒气的种类和扩散范围，并尽快通知有可能遭受毒害的单位和住户，让其尽快撤离或将门窗关闭。

（2）在房间内发觉有毒气体或异常气味时，应尽快打开门窗进行自然通风。

（3）在查清毒气种类和范围的同时，应尽快找出毒气的泄漏地点，并想尽办法进行堵塞，止住泄漏。

（4）对已经出现的各种有毒气体，可用喷雾水进行驱赶，驱赶时应尽量站在上风方向，借助风的作用增强驱赶效果，并能有效防止人员中毒。

（5）在有毒气体或异常气味的环境中进行各项作业时，必须使用各种呼吸保护器具，或用湿毛巾、口罩等进行简便防护，如出现头昏、恶心、呼吸困难等症状，应及时进行救护。

第六节　消防设施的配置使用

一、消防设施和消防器材的区分

（1）消防设施是指固定的消防系统和设备。如火灾自动报警系统、各类自动灭火系统、消火栓、防火门、专用消防电梯等。

（2）消防器材是指可移动的灭火器材。如手提式灭火器、推车式灭火器和消防锹、斧、钩等。

二、常用消防设施、灭火器的使用操作和维护保养

（一）消火栓的使用操作和保养方法

1. 使用操作

打开消火栓门，卸下出水口的堵头，安上消火栓接口，接出水带，拧开闸门，水即经水带输送到火场；灭火完毕，先关闸门，停止水的输送，再分解水带，卸下接口，把堵头安好，关好门。

2．维护保养方法

（1）应有专人管理，经常保持消火栓箱内清洁。

（2）发现接口处漏水，要由管工及时修理。

（3）水带灭火使用后，要及时晾干，严禁用于非消防方面使用。

（二）常用灭火器的灭火适用范围、使用操作方法和维护保养

1．干粉灭火器

干粉灭火器是以高压二氧化碳作动力喷射干粉的灭火器材，适用于工厂、仓库、汽车库、船舶和油库等，主要用来扑救石油及其产品、可燃气体、电气设备的初起火灾。

（1）手提式干粉灭火器。手提式干粉灭火器有 MF8 和 MF4 型等型号，主要由进气管、喷枪、出粉管、二氧化碳钢瓶、筒体、筒盖、压把、保险销、提把、防潮堵等组成。手提式干粉灭火器如图 1-4 所示，技术性能见表 1-1，使用方法如下：

图 1-4　手提式干粉灭火器

表 1-1　　　　　　　　　手提式干粉灭火器技术性能表

型号	装粉量/kg	常温下喷粉时间/s	喷射距离/m	灭火参考面积/m²	适用温度/℃	二氧化碳充气量/g	绝缘性/V
MF4	4	14	4~5	1.8	-10~45	100	10.000
MF8	8	20	5	2.5	-10~45	200	10.000

1）扑救火灾时，手提或肩扛干粉灭火器到火场，并上下颠倒几次，离火点 3~4m 时，撕去灭火器上面的封记，拔出保险销，一手握紧喷嘴，对准火源，另一手的大拇指将压把按下，干粉即可喷出，并要迅速摇摆喷嘴，使粉雾横扫整个火区，向前推移，很快将火扑灭。

2）灭火要果断迅速，不要遗留残火，以防复燃。

3）灭火时，不要冲击液面，以防液体溅出，造成灭火困难。

维护保养方法如下：

1）干粉灭火器必须挂在通风干燥的地方，各连接部件要拧紧，喷嘴要堵好，以防干粉受潮结块。

2）存放期间应避免日光暴晒和火烤，以防钢瓶中的二氧化碳因温度升高，使压力增大而漏气。

15

3）在正常情况下，这类灭火器可保存 2～4 年，但每年应检查一次桶内粉末是否结块，检查二氧化碳量是否充足，用完后应重新装罐和充气。

（2）推车式干粉灭火器。推车式干粉灭火器有 MFT35、MFT50 型等型号。它主要由推车、干粉罐、二氧化碳钢瓶、进气管、出粉管、喷嘴等组成。

推车式干粉灭火器技术性能见表 1－2。

表 1－2　　　　　　　　　推车式干粉灭火器技术性能表

指标	装粉量 /kg	工作压力 /(kg·cm^{-2})	二氧化碳装量 /kg	喷射强度 /(kg·s^{-1})	喷射距离 /m	喷粉时间 /s	总质量 /kg
数值	35	8～12	0.7	2～2.5	10～13	17～20	90

推车式干粉灭火器的使用方法和维护保养与手提式干粉灭火器基本相同，如图 1-5 所示。

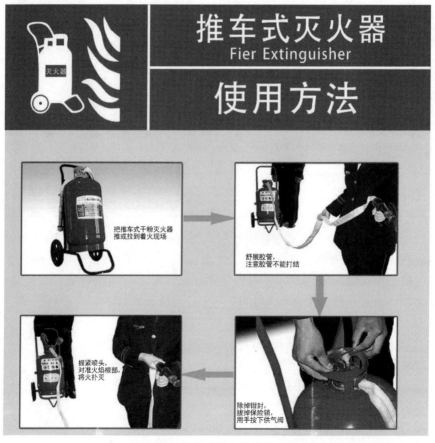

图 1-5　推车式灭火器使用方法

2. 1211 灭火器

1211 灭火器是一种新型的高效、低毒灭火器。它是在氮气压力下将 1211 以液态罐装在耐压钢瓶里。这种灭火器适用于扑救油类、有机溶剂、可燃气体、精密仪器和文物档案等火灾。有手提式和推车式两种。手提式 1211 灭火器如图 1-6 所示,技术性能见表 1-3。

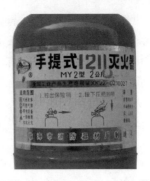

图 1-6 手提式 1211 灭火器

表 1-3 手提式 1211 灭火器技术性能表

型号	装剂容量 /kg	储氮气压(20℃) /(kg·mm⁻²)	射程 /m	喷射时间 /s	总质量 /kg	密封试验压力 /(kg·mm⁻²)	使用温度范围 /℃
MY1	1	15	3	10~12	2	25	-40~50
MY2	2	15	3	12~14	3.2	25	-40~50
MY4	4	15	4.5	14~16	6.5	25	-40~50

手提式 1211 灭火器主要有 MYL MY2、MY4 型,由筒身和筒盖部分组成。筒身是钢板滚压焊接而成,筒盖一般用铝合金制造,配装上喷嘴、阀门和虹吸管,有的筒盖有压把、压杆、弹簧、喷嘴、封密阀、虹吸管和安全销等。

使用手提式 1211 灭火器时,应首先拔掉铅封和安全销,手提灭火器上部(不要把灭火器放平或颠倒),用力紧握压把,启开阀门,储压在缸瓶内的灭火剂即可喷射出来。灭火时,必须将喷嘴对准火源,左右扫射,并向前推进,将火扑灭。当手放松时,压把受弹力作用恢复原位,阀门封闭,喷射停止。如果遇零星小火时,可重复开启灭火器阀门,以点射灭火。

1211 灭火器维护保养方法如下:

(1)压把手提式 1211 灭火器存放在取用方便、干燥的地方。每半年检查一次灭火器的质量,每隔半年检查一次灭火器上的压力,压力表指针指示在红色区域内,应立即补充灭火剂和氮气。

(2)1211 灭火器多为储压式,筒内充有带压力的氮气,在运输和储存中要轻放,防止碰撞,不宜倒置,应正向直立。

3. 二氧化碳灭火器

灭火时只要将灭火器提到或扛到火场,在距燃烧物 5m 左右放下灭火器,拔出保险销,一只手握住喇叭筒根部的手柄,另一只手紧握启闭阀的压把。对没有喷射软管的二氧化碳灭火器,应使喇叭筒朝上 70°~90°。使用时,不能直接用手抓住喇叭筒外壁或金属连线管，防止手被冻伤。灭火时，当可燃液体呈流淌状燃烧时，使用者将二氧化碳灭火剂的喷流由近而远向火焰喷射。如果可燃液体在容器内燃烧时，使用者应将喇叭筒提起，从容器的一侧上部向燃烧的容器中喷射，但不能将二氧化碳射流直接冲击可燃液面，以防止将可燃液体冲出容器而扩大火势，造成灭火困难。

推车式二氧化碳灭火器一般由两人操作，使用时两人一起将灭火器推或拉到燃烧处，在离燃烧物 10m 左右停下，一人快速取下喇叭筒并展开喷射软管后，握住喇叭筒根部的手柄，另一人快速按逆时针方向旋动手轮，并开到最大位置。灭火方法与手提式的方法一样。

使用二氧化碳灭火器时，在室外使用的，应选择在上风方向喷射。在室外内窄小空间使用的，灭火后操作者应迅速离开，以防窒息。

二氧化碳灭火器维护保养方法如下：

（1）存放期间应避免日光暴晒和火烤，存放处的温度不超过 42℃，搬运轻拿轻放。

（2）要每半年应检查二氧化碳量是否充足，当减少十分之一时，应补充灌装。

（三）灭火器的选择及设置

1. 灭火器的选择

正确、合理地选择灭火器是成功扑救初起火灾的关键之一。选择灭火器主要考虑以下几个因素：

（1）灭火器配置场所的火灾类别。根据灭火器配置场所的使用性质及其可燃物的种类，可判断该场所可能发生哪种类别的火灾。

（2）灭火有效程度。在灭火机理相同的情况下，有几种类型的灭火器均适用于扑救同一种类的火灾。但值得注意的是，它们在灭火有效程度上有明显的差别，也就是说适用于扑救同一种类火灾的不同类型灭火器，在灭火剂用量和灭火速度上有极大差异。因此在选择灭火器时应充分考虑该因素。

（3）对保护对象的污染程度。为了保护贵重物资与设备免受不必要的污染损失，灭火器的选择应考虑其对保护物品的污损程度。

（4）使用灭火器人员的素质。要选择适用的灭火器，应先对使用人员的年龄、性别和身手敏捷程度等素质进行大概分析估计，然后正确选择灭火器。

（5）选择灭火剂相容的灭火器。在选择灭火器时，应考虑不同灭火剂之间可能产生的相互反应，污染及其对灭火的影响，干粉与干粉、干粉和泡沫之间联用都存在一个相容性的问题，不相容的灭火剂之间可能发生相互作用。

（6）设置点的环境温度过低，则灭火器的喷射灭火性能显著降低；若温度

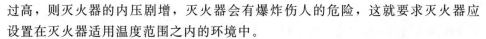

过高，则灭火器的内压剧增，灭火器会有爆炸伤人的危险，这就要求灭火器应设置在灭火器适用温度范围之内的环境中。

（7）在同一场所选用同一操作方法的灭火器。这样选择灭火器有如下优点：①为培训灭火器使用人员提供方便；②在灭火中，操作人员可方便地采用同一种方法连续操作，使用多个灭火器灭火；③便于灭火器的维修和保养。

（8）根据不同的火灾选择不同类型的灭火器，见表1-4。

表1-4 　　　　　　　　不同的火灾对应不同类型的灭火器

火灾类型	灭　火　器	火灾类型	灭　火　器
A类	水型、泡沫、磷酸铵盐、卤代烷型灭火器	D类	粉状石墨、灭D类火灾专用灭火器
B类	干粉、泡沫、卤代烷、二氧化碳灭火器	带点火类	卤代烷、二氧化碳、干粉灭火器
C类	干粉、卤代烷、二氧化碳灭火器		

注 　1. 化学泡沫灭火器不能选择B类极性溶剂火灾。
　　 2. 扑救A类、B类、C类火灾和带电设备火灾应选择磷酸铵盐、卤代烷型灭火器。
　　 3. D类火灾可采用干沙或铸铁末扑灭。

2. 灭火器的设置

灭火器的设置主要有以下要求：

（1）灭火器应设置在明显的地点。灭火器应设置在正常通道上，包括房间的出入口处、走廊、门厅及楼梯等明显地点，能使人们一目了然地知道何处可取用灭火器，以防止因寻找灭火器而耽误灭火时间，便于及时有效地扑灭初起火灾。

（2）灭火器应设置在便于取用的地点。能否方便、安全地取到灭火器，在某种程度上决定了灭火的成败，如果取用灭火器不方便，即使离火灾现场再近，也有可能因取用的拖延而使火灾扩大，从而使灭火器失去作用。因此，灭火器应设置在没有任何危及人身安全和阻挡碰撞、能方便取用的地点。

（3）灭火器的设置不得影响安全疏散。这不仅指灭火器本身，而且还包括与灭火器设置相关的托架、箱子等附件，不得影响安全疏散，这主要考虑两个因素：①灭火器的设置是否影响人们在火灾发生时及时安全疏散；②人们在取用各设置点灭火器时，是否影响疏散通道的畅通。

（4）灭火器应选择正确地设置位置并设置稳固。手提式灭火器设置在挂钩、托架上或灭火器箱内，其顶部距地面高度应小于1.5m。底部离地面高度不宜小于0.15m。设置在挂钩或托架上的手提式灭火器要竖直向上放置；设置在灭火器箱内的手提式灭火器可直接放在灭火器箱的底面上，但其箱底面距地面高度不宜小于0.15m。推车式灭火器不要设置在斜坡和地基不结实的地点。

（5）灭火器不应设置在潮湿或强腐蚀性的地点或场所。如果灭火器长期设置在潮湿或强腐蚀性的地点或场所，会严重影响灭火器的使用性能和安全性能。如果某些地点或场所情况特殊，则应从技术上或管理上采取相应的保护措施。

（6）灭火器不应设置在超出其使用温度范围的地点。在环境温度超出灭火器使用温度范围的场所设置灭火器，必然会影响灭火器的喷射性能和使用安全，甚至延误灭火时机。

（7）灭火器的铭牌必须朝外。这是为了人们能直接看到灭火器的主要性能指标、适用扑救火灾的类别和用法，使人们正确选择和使用灭火器，充分发挥灭火器的作用，有效地扑灭初起火灾。

此外，对于那些必须设置灭火器而又确实难以做到明显易见的特殊情况，应设明显指示标志，指明灭火器的实际位置，使人们能及时迅速地取到灭火器。

第七节 现代消防设施

一、火灾报警控制器

火灾报警控制器是一种能为火灾控制器供电、接收、显示和传递火灾报警信号，并能对自动消防等装置发出控制信号的报警装置，它是火灾报警系统的重要组成部分。其作用是对火灾探测器、手动报警按钮及各种接口进行监测和管理，能够接收探测信息和检测线路故障信息，同时能启动各种接口以便控制各种消防联动设备，并接收反馈信号。

1. 火灾报警控制器的类型

（1）按其用途可分为区域火灾报警控制器、集中火灾报警控制器和通用火灾报警控制器。

（2）按其容量可分为单路火灾报警控制器和多路火灾报警控制器。

（3）按使用环境可分为陆用型火灾报警控制器和船用型火灾报警控制器。

（4）按其结构可分为壁挂式、台式和柜式火灾报警控制器。

（5）按系统边线方式可分为多线制火灾报警控制器和总线制火灾报警控制器。

（6）按其防爆性能可分为防爆火灾报警控制器和非防爆火灾报警控制器。

（7）按信号处理可分为有阈值火灾报警控制器和无阈值模拟量火灾报警控制器。

（8）按内部电路设计可分为普通型火灾报警控制器和微机型火灾报警控制器。

2. 火灾自动报警系统

（1）火灾自动报警系统的使用单位应由经过专门培训并经过考试合格的专人负责系统的管理操作和维护。

（2）火灾自动报警系统正式启用时，应具有下列文件资料：

1）系统竣工图及设备的技术资料。

2）操作规程。

3）值班员职责。

4）值班记录和使用图表。

（3）应建立火灾自动报警系统的技术档案。

（4）火灾自动报警系统应保持连续正常运行，不得随意中断。

二、火灾自动报警设备一般故障的检查方法

1. 探测器

（1）探测器接在底座上时，区域报警器出现报警，说明底座上的两条线路接反了，应用万用表检查极性，换接过来。

（2）探测器发生错报警，说明探测器本身有故障，应更换探测器，送厂家进行检修。

（3）用烟熏检查时，如果烟感报警器不报警，可能是探测器损坏，应进行更换。

2. 区域报警器

（1）报警后声响器切除不了，则可能是门电路印制板上感光报警单元至声响器的耦合电容漏电过大或已击穿，也可能是声报警单元的晶闸管击穿。

（2）无报警时声响器鸣响切除不了，或检查完毕后按键复原时声响器仍鸣响切除不了，可能连线有短接。

（3）报警和检查时声响器不响，可能是声报警单元可控硅触发回路有故障。

（4）房间号不显示，可能是指示灯损坏，或房间没有装上探测器，也可能是房间至区域报警器间的线路出现问题。

3. 集中报警器

（1）巡检时红绿灯不交替闪亮，可能是指示灯坏了，或巡检指示单元有故障。若巡检间隔时间正常，一个颜色指示灯不亮，说明一个指示灯损坏了。若两灯停留时间不等长，说明某号房指示灯损坏。若巡检巡回一次，然后停留在一个颜色灯上，则某级巡检单元故障，应进行检修。

（2）检查时所有指示灯均亮，但亮度不足且直流电压表指针下降，则是电源单元整流印制板上的滤波电解电容或整流管损坏或接触不良，应予以更换或

检修。

（3）声响器不响，只有光报警而无声报警，说明声报警单元损坏或声响器损坏。

（4）检查时某房间号不显示，说明集中报警器至区域报警器相应房间号的回路有故障，或区域报警器相应房间号电子管有故障。

火灾自动报警设备应有专人维护和保养，要定期进行检查，及时排除故障，使其发挥应有的作用。

4. 自动水喷淋头

随经济建设的发展，现代化的消防设施也相应增多，有的民用高层建筑宾馆、办公大楼、科研中心、商场、集贸市场等，公安消防部门要求安装自动报警器的同时，有的防火重点部位也安装了自动水喷淋头，如会议室、客房等。自动水喷淋头安装在吊顶上，局部有了火灾，就会自动喷水灭火，阻止火势蔓延。目前使用最广的是闭式玻璃球阀喷头，是在长圆球石英玻璃内装有易膨胀的液体，平时喷口由球体封住，当受高温影响，温度达到额定数值时（一般采用72℃和68℃级的），由于液体膨胀产生的压力，使玻璃球爆裂破碎，水即喷出灭火。

第八节　控制室报警处理程序

（1）接到报警信号后，应立即携带对讲机、插孔电话等通信工具，迅速到达报警点确认。

（2）如未发生火情，应查明报警原因，采取相应措施，认真做好记录。

（3）如确有火灾发生，应立即用通信工具向控制室反馈信息，利用现场灭火器材进行扑救。

（4）消防控制室值班人员根据火灾情况启动有关消防设备，通知有关人员到场灭火，报告单位值班领导，并应拨打119向消防队报警。

（5）情况处理完毕后，恢复各种消防设备正常运行状态。

（6）消防控制室日常管理制度。

1）消防控制室必须二十四小时昼夜设专人值班，值班人员应坚守岗位，严禁脱岗，未经专业培训的无证人员不得上岗。

2）值班人员要认真学习消防法律、法规，学习消防专业知识，熟练掌握消防设备的性能及操作规程，提高消防技能。

3）值班时间严禁睡觉、喝酒，不得聊天，打私人电话，不准在控制室会客，严禁无关人员触动、使用室内的设备。

4）严密监视设备运行状况，遇有报警要按规定程序迅速、准确处理，做好各种记录，遇有重大情况及时报告。

5）未经公安消防机构同意，不得擅自关闭火灾自动报警、自动灭火系统。

（7）消防控制室人员配备。

1）24h保证有人值班。由于火灾发生时间、地点的不确定性，消防控制室设备必须24h有专门监控人员处理各种报警信号，操作消防设备，以早期发现，早期扑灭，立足于自防自救。

a. 每班不应少于两人。出现报警后，一人负责出现场确认，一人仍在消防控制室值班，严密监视，处理其他报警信号及在需要时启动有关消防设备。另外，即便是出现报警信号后另派其他人去现场确认，如果设一人值班也有不妥之处，如吃饭、上厕所时，就难免出现无人值班或者找人替班的情况，就会造成未经专业培训的无证人员执机，一旦此间出现报警信号，由于其职责任务、操作程序等不清楚，势必贻误火情，酿成大害。

b. 每班连续工作时间不应超过12h。受生理因素影响，工作时间过长，就会出现疲劳、精力受损，因而难以完成所承担的工作任务。

c. 保持操作人员的相对稳定。《中华人民共和国消防法》第十八条明确规定，自动消防系统的操作人员必须持证上岗，并严格遵守消防安全规程。如果频繁更换消防控制室的操作人员，不仅难以满足法规的要求，也不能使消防系统充分发挥作用。

2）消防控制室设备操作人员基本素质要求。

a. 操作人员应具有高中以上的文化程度和良好的身体素质，年龄宜在18岁至45周岁之间。

b. 热爱本职，忠于职守，有高度的工作责任感。

c. 应在岗前经过专门培训，熟练掌握本系统的工作原理和操作规程，并经公安消防机构考试合格，持证上岗。

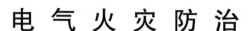

第二章

电 气 火 灾 防 治

　　电的发明在人类生活史上具有划时代意义，电给人类带来了光明和温暖，方便了生活，同时电的应用也促进了生产力的发展，发展了科学技术。但是，在电力为人们带来光明和动力、造福世界的同时，如果不能正确地使用电，它也会给人们造成痛苦和灾难。近年来，随着电量的增加和用电方式的多样化，电气火灾呈持续增长趋势，不能不引起高度警惕，必须重视电气防火。

第一节　电气火灾基本知识

一、电气火灾基本机理

　　电气火灾是指电能在非常状态下转换热能的过程中，由热能引燃不应引燃的可燃物质所发生的火灾。电流通过导体电阻，就会产生热量，电流或电阻越大，通电时间越长，则产生的热量越多，一旦热量使可燃物质的温度达到其燃点，就会燃烧。开关操作可能产生电火花，静电放电也会产生电火花，短路故障和带负荷拉闸、接触不良也会产生电弧。漏电、接地故障及雷电都会产生电火花和电弧，电弧或电火花温度可骤升至 6000℃ 以上，可引燃附近的可燃材料从而造成火灾。它包括电气线路火灾、用电设备火灾、雷电火灾和静电火灾。

　　电之所以能引起火灾，是因为电可以转化为热。电转化为热的途径：一是靠放电；二是电流通过时的电阻发热。放电产生的电火花、电弧不仅能点燃附近的可燃物，而且还可能熔化导线金属。燃烧材料和炽热金属产生的火花会四处溅出、飞落，造成火灾。

　　正常情况下，导线发热不会引起过热，因而不存在火灾危险性。但是，当电流超过规定值时，产生的热量就可能引起导线的绝缘损坏或出现危险高温，造成危险。把导线用作加热元件的装置或设备，或利用电流产生热量的装置和设备（如电焊机），若安装使用不当，很可能引起火灾。

　　有关电气设备和线路的标准都规定了具体要求，其目的在于防止因电弧放电和过热而引起火灾，并防止因意外接触造成电击。电弧放电和过热是电气火灾形成的两种基本途径和主要根源。在对任何电气设备、电气线路进行工作时，用电防火都必须牢记在心。

二、电气火灾的特点及其预兆

电气设备一旦发生火灾，其特点是燃烧速度快，有时一瞬间就会把一个系统的设备损坏。电气火灾就其燃烧过程来讲都是有其预兆的，经常性的电气防火检查，就是为了及时发现电气方面存在的火险隐患。因此，对于电气设备的安全检查是十分重要的，在一些电气设备较多、规模较大的单位，指派电工值班、巡视是必要的。

总之，电气设备老化、超负荷运行、短路、绝缘失灵、支点脱落、接点不实、丝扣脱节、保护网脱落、电气设备内尘污过多、元件损坏都有可能引起火灾。电气设备运行过程中发生异常的响声、异常的气味，甚至冒烟打火，这是最危险的火灾预兆，不要以为异常的响声是噪声过大，也不要小看异常的气味、煳味，这往往是火灾的最初阶段，接着便是冒烟、着火，如果不采取果断措施就会惹来一场灾难。

三、电气火灾的基本原因

1. 过载

过载指电气设备或导线的功率或电流超过额定值，其原因如下：

（1）设计、安装时选型不正确。

（2）设备或导线随意装接，增加负荷，造成超载运行。

（3）检修、维护不及时，设备或导线带病运行。

2. 短路、电弧和火花

短路的主要原因是载流部分绝缘破坏。例如绝缘老化、耐压与机械强度下降、过电压使绝缘击穿、错误操作或将电源投向故障线路、恶劣天气（如大风暴雨）造成线路金属性连接。短路点与导线连接松动的电气接头处会产生电弧或火花，将附近的可燃材料、蒸气和粉尘引燃。

3. 接触不良

接触不良使接触电阻过大，形成局部过热，出现电弧、电火花，造成潜在的点火源。

4. 烘烤

电热器具（如电炉、电熨斗等）、照明灯具长时间通电，形成高温火源，可能使附近的可燃物质受高温烘烤而起火。

5. 摩擦

发电机或电动机等旋转性电气设备，转子与定子相碰或轴承出现润滑不良、干枯产生干摩发热，引发火灾。

6. 雷电

雷电瞬间放电产生电弧、电火花使建筑物破坏，输电线路或电气设备损坏。

7. 静电

由于不同物体之间相互摩擦、接触、分离、喷溅、静电感应、人体带电等原因，逐渐累积静电荷形成高电位，在一定条件下，将周围空气介质击穿，对金属放电并产生足够能量的火花放电。火花放电产生的热能引燃或引爆可燃物或爆炸性混合物。

8. 10kV 电网小电阻接地系统

现在城市 10kV 配电线路多采用高压电缆，线路较长，电容电流较大，由过去的中性点不接地系统改为经小电阻（大电流）接地系统，流过接地点的电流可到几百安，接地故障暂态过电压可达数百伏甚至 1～2kV，沿着 PEN 线或 PE 线传到采用保护接零的用户。低压设备特别是老旧设备的绝缘极易被击穿发生短路而导致起火危险。

9. 电气回路高次谐波过载

现在不少电器是非线性负载，能产生各种的高次谐波。若谐波电流进入公用电网，可引起电源电压畸变、波形失真、损耗增加，并使电气线路过载发热，加速绝缘老化造成火灾隐患。

10. 遗忘

人们在场所内使用了电热器具，离开时不切断电源而引起火灾。

四、电气火灾发生的特点

（1）发生于线路老化和设备陈旧的地方由于绝缘老化，绝缘层受到破坏，两线接触，由于电阻很小，电流就会急剧增大，由短路电流引起火灾。

（2）火源不易发现。很多短路发生在电器设备及穿线管的内部，火源难以及时发现，只有火灾形成并发展到一定的规模后才能发现。

（3）发生于线路与易燃物距离较近的地方，如易燃塑料、木质结构等建筑材料，线路短路或过热时易燃物很容易被点燃。

五、电气防火安全检查的内容

电气防火安全检查主要包括以下内容：

（1）电源部分。电源部分多由高压架空线引入，应注意与附近易燃易爆厂房与露天堆场之间的防火间距，线路安装是否合乎要求，有无引起火灾、爆炸的危险。变压器油开关、闸刀、电缆、电容器等配电设备的容量和实际负荷情况如何,是否经常出现过负荷现象,有无防火安全措施,高压、低压绝缘子和套管是否清洁,有无裂纹。铝线与铝线、铜线与铜线的接头是否良好,闸刀和隔离开关的接触是否良好。变电站是否有防止雨雪和小动物进入变、配电室的措施,变、配电室内是否有存放食物和随便堆放杂物的情况。有无运行、检修规程,岗位责任制、防火制度和巡视制度。对设备当前存在的问题,过去发生的事故和采取的安全措施有无记录。

(2)线路上的导线是否符合使用场所的要求,是否有受潮和腐蚀等情况,电气线路的负荷情况怎样,绝缘等级与电压大小是否符合,线路的安装是否符合规格,有无乱拉临时电线的现象,导线绝缘层和绝缘子有无破损现象。各段线路是否有保险装置,熔丝是否符合要求,是否测量过线路绝缘,过去发生的事故情况如何。

(3)用电部分包括各种照明灯具、电动机、电热器和电焊机等,照明用的灯具类型是否与使用地点的生产类别相符,安装是否合乎规格。灯泡、灯具与可燃物质是否有一定的距离,是否落有大量可燃易燃粉尘,大型花灯的通风散热是否良好。仓库照明用灯泡是否安装在通道上空。检查漏电时,应先从灯头、开关、插座等处查起,然后进一步检查电线,检查时应注意电线穿墙、转弯、交叉、容易腐蚀和容易受潮的地方。

电动机类型是否与使用地点的生产类别相符,安装是否合乎规定,电动机附近是否堆放有可燃易燃物品,与规程的符合情况如何,有无发热现象,有无安全保护装置等。电炉是否安装在不燃的基座上,附近是否有可燃建筑物件和堆放可燃易燃物品,是否有专用电源和安全保护装置。电熨斗是否有不燃的搁置台,电线和插头是否完好无损,是否有使用电热器的安全制度。电焊引起火灾多是由于违反安全操作制度,因此,应检查制度的落实情况。可能产生静电的生产过程和有爆炸危险的生产场所的电动机、设备等,应注意是否有良好的接地线。检查有爆炸危险的厂房、车间是否按要求安装防爆电气设备并采取其他防爆措施。

(4)对防雷装置进行防火安全检查时,不是简单地查看有无安装避雷针,而应根据该地区的雷害情况和建筑物的防雷类别查看是否要安装防雷装置和采取哪些防雷措施,检查时要注意防雷装置的设计是否正确,安装是否合乎要求,进户架空线电杆上的金属横杠和绝缘子铁脚是否已经接地,同时要注意明装引下线有无因腐蚀或机械力的损伤而折断,接闪器是否因受雷熔化,引下线距离地面1.7m段的保护是否良好,有无与引线接近的电气线路。此外,要了解是否定期测量接地装置的接地电阻。

第二节 电气火灾预防

电气火灾的预防是一个系统工程，火灾虽然发生在电气设备上，但根源还是管理和技术措施是否得当，隐患和问题能不能得到及时解决，工作是否细致、是否到位等，这都对扼制火灾的发生具有重要的作用。

一、电气火灾预防方法

1. 重视预防工作，建立健全组织和制度

我国电气火灾多年来居高不下，其中一个重要原因就是对电气火灾预防的重视程度不够。必须要增强预防意识，把预防工作列入议事日程，遵守国家防火的法律法规，完善防火组织，根据具体情况，建立健全规章制度，制定措施，明确目标，责任到人，严格监督，常抓不懈，对违章作业人员进行批评教育，进行处罚，若严重违反安全法规，造成重大损失的，根据法律给予制裁。

2. 进行电气防火知识的普及和培训

广泛宣传普及电气防火常识，对生产过程中电气防火的设计、施工、运行、检查等各方面的知识进行培训，学习有关规定、标准，进行新技术、新设备的学习，满足电力新设施防火的需要，做到持证上岗，提高员工电气防火的整体水平，向社会进行安全用电宣传，提高全民的电气防火意识。

3. 加大对电气产品及工程质量的监督管理力度

合格的电气设备是预防电气火灾重要基础。加大各类电气产品质量监督，坚决杜绝不合格电气产品流入市场，凡不按技术标准生产的企业，要责令其限期整改，违法生产、销售假冒伪劣电器产品的企业停产整顿。把好工程设计、施工、检验各个环节，杜绝有火灾隐患的工程蒙混过关，加强对线路、设备的巡视、检查，一旦发现缺陷立即进行整改。

4. 正确进行电气设施的选择

根据电气设备所处环境和防火要求，按防护措施的不同类型及其使用环境的危险程度来选择电气设备，如防爆型、保护型等。选择与负荷电流相对应的熔丝。合理选择导线截面面积，接头按规定铰接，在低压三相四线线路中，若可能产生严重不平衡，零线截面应与相线相同。重要场所选用阻燃电缆和耐火电缆，铝导线与电气设备的出线与连接用铜铝过渡接头，裸导线之间及带电部分与接地部分之间要有足够的安全距离，导线架空悬挂时不宜过松。

5. 进行通电设备场所的清理

在通电设备所在的场所，对有可能引发电气火灾的火源、可燃物、助燃物

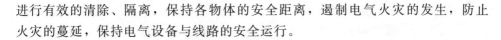

进行有效的清除、隔离，保持各物体的安全距离，遏制电气火灾的发生，防止火灾的蔓延，保持电气设备与线路的安全运行。

二、常见电气设备防火措施

1. 配电盘（箱）的防火措施

配电盘由盘板、开关、保险器、电器仪表组成，用于分配电能，并对低压线路和电气设备进行控制，它也是照明和电力线路的重要组成部分。

（1）配电盘起火的主要原因。配电盘布线零乱、接触不牢，开关、保险、电器仪表等选择不当，缺乏维护而产生短路，接触电阻过大或过负荷。熔断器如使用不合规定的熔丝，会在电路上电流增大时起不到断电作用。配电盘的开关在拉、合时，熔丝熔断产生的火花会引燃盘下埋放的可燃物，造成火灾。

（2）配电盘预防火灾的措施。

1）配电盘（箱）的金属构架、铁盘面及盘面设备的金属外壳均应良好接地，接地电阻不大于 4Ω。

2）配电盘用的接线要用绝缘导线，不能使用破皮线和裸导线，配线的粗细应根据负荷电流的大小选定。

3）导线不应有错接、漏接和接触不良的现象，特别是导线与导线、导线与端子的连接必须牢固。

4）配电盘上安装各种隔离开关及断路器，在处于断电状态时，可动部分不应带电。

5）配电盘（箱）要保持清洁，附近不要堆积可燃物品。

2. 低压线路的防火措施

低压线路是电气火灾的主发区，要定期检查，及时更换老化、截面不合要求的线路，临时接拉的线路用完后及时拆除。合理选择室内布线路径，减少交叉跨越，不要直接敷设在易燃的建筑材料上面，如确实需要，应使用难燃材料套管，导线穿墙时也要使用难燃材料套管。不要在地线和零线上装设开关和保险丝，更不能将接地线接到自来水或煤气管道上。采用接地等方法防止静电积累，实施等电位连接等措施消除电弧、电火花的产生。电源进线增设带漏电保护功能的熔断器，分别在电源总配电箱和用户开关箱设置漏电保护器，额定工作电流和工作时间合理配合。定期检查漏电保护器的脱扣器，及时清除自动开触点表面的杂物。

（1）安全合规用电，防止乱拉乱接。所谓乱拉乱接电线，就是不按照安全用电的有关规定，随便拖拉电线、乱接电线或任意增加用电设备。例如：电线拖在地上，可能会被压破、砸伤，损坏绝缘；在易燃、易爆场所乱拉线路，缺乏防火、防爆措施；装电线不用可靠的线夹而用铁钉或铁丝固定，导致磨破绝缘，损坏电线；乱接电线，接头不合要求；不看电线粗细，任意增加用电设备而超负荷，使电线发热等。这些情况，多数都会造成碰线、短路，产生火花或发热起火，有的还会导致燃烧、爆炸或引起触电伤亡事故。

为了保证安全用电，防止乱拉乱接电线，必须做到以下几点：

1）用电要履行申请报告，取得用电管理部门的同意，线路设备装好后，要通过检查验收，达到合格。

2）选择合格的电线器材和用电设备。

3）线路和设备要由专业电工安装，一定要符合有关电气安装规程。

4）验收合格交付使用后，要对电气线路设备进行防火安全检查，发现违反规定的要即时整改。

（2）不能用铜丝、铁丝代替熔断器。电气线路上的熔断器是采用低熔点金属制作的，如果使用铜、铁等高熔点金属代替，一旦遇到漏电、短路或超负荷时，熔断器将不能及时熔断，也就无法达到保护电源线路和用电器具的目的，将可能导致电源线路和用电器具发热起火或被烧毁，进而引燃可燃物甚至酿成火灾。

（3）铜、铝接头的火灾危险性及预防措施。铜、铝导线直接连接时，在铜、铝接处有 1.69V 的电位差，如遇潮湿会发生电解作用，使铝导体腐蚀，导致接触不良，产生热量，严重时使接头熔化，引起附近易燃物、可燃物起火。预防措施如下：

1）铜、铝导线相接时，宜采用铜、铝过渡接头，如在铜铝导线接头处垫锡销或在铜线鼻子上搪锡再与铝线鼻子相接。

2）必要时，可在接头处涂上变色漆或安放试温蜡片，可及时发现接触点的过热情况。

3. 插头、插座的防火措施

（1）正确选型。即根据电器的总容量及具体使用环境，选择合适的开关和插座。湿度较大的场所应选用防水开关和拉线开关；有腐蚀性物品或灰尘较大的室内不可安装开关、插座，而应安装于室外；具有燃烧、爆炸危险的场所，应选用防火或防爆的开关和插座。

（2）开关、插座的额定电流及额定电压均应与用电实际相符，不可任意超负荷，以免线路过载烧坏胶木，造成短路引起火灾。

（3）闸刀式开关应选用相匹配的熔断器，不允许任意更改尤其是加粗熔体，更不允许用铜、铝、铁等金属丝代替熔断器。

（4）单极开关应控制相线，不可接在零线上，否则人体一旦接触相线同样会引起触电事故，相线接地还会发生短路甚至引起火灾。

（5）灯头插座在过载时极易发生事故。因此，不可将电熨斗、电炉、空调等大功率电器接入灯头插座使用，以免引发火灾。

（6）开关、插座老化和损坏后，应及时修理和更换。

（7）外出、睡觉或突然停电时，要及时切断电源，特别是电热器具更应倍加注意。

（8）开关、插座应尽量安装在干燥、清洁、无尘的位置，以免受潮腐蚀造成胶木击穿短路而引发火灾。

4. 电器的防火措施

（1）防短路。电线短路有接地短路、线间短路、完全短路三种情况。短路会造成火灾，防止短路，必须做到以下几点：

1）安装使用电器设备时，应根据电路的电压、电流强度和使用性质正确配线。在具有酸性、高温或潮湿场所，要配用耐酸防腐蚀、耐高温和防潮电线。导线安装牢固、防止脱落，不能将导线成捆打结或将电线紧紧挂在铁丝或铁钉上。

2）移动电力工具的导线要有良好的保护层，以防受机械损伤、脱落。

3）严禁导线裸端插在插座上。

4）电源总开关、分开关均应安装合适的保险装置，并定期检查运行情况，及时消除隐患。

（2）防过负荷。各种导线都有一定的负荷，当电流强度超过导线负荷时，导线温度骤升，可导致绝缘层着火，使附近可燃烧物燃烧，造成火灾。防止电路过负荷引发火灾，必须注意以下几点：

1）所有电气设备都应严格按照电器安全规程选配相应的导线，并正确安装，不得随意乱拉乱接。

2）凡超负荷的电路，应改换合适的导线或去掉电路上过多的电力工具，或根据生产程度和需要分出先后，控制使用。

3）为防止三相电动机单相运行，要在三相开关配电板上安装单相运行的信号灯。

4）电路总开关、分开关均应安装与导线安全载流量相适应且易熔断的保险器。

（3）防接触电阻。当一根导线与另一根导线或导线与开关、保险装置、仪表以及电器用具连接的地方接触不良，就会形成接触电阻。如果接触电阻过大，在电流通过时，在接触处会引起发热，直至使电线绝缘层着火，金属导线熔断，产生火花，引燃附近可燃物，造成火灾。为避此患，必须注意以下几点：

1）凡导线与导线或导线与开关、保险装置、电器用具连接时，先要将导线的氧化层、油脂等杂质清除干净，而且连接要牢靠。

2）截面积 6～102mm² 的导线，应用焊接方法连接；截面 102mm² 以上的导线，应采用接线片连接。

3）应经常对线路连接部位进行检查，发现接点松动、发热时，要及时处理。

（4）电火花。电器设备产生火花或电弧，极易引发易燃易爆气体、粉尘的燃烧乃至爆炸。预防电火花引起电气设备火灾的主要措施如下：

1）经常用外部检查和检查绝缘电阻的方法来监视绝缘层的好坏。

2）防止裸体电线和金属体相接触，以防短路。

3）在有易燃易爆液体、气体的房屋内，要安装防爆或密封隔离式的照明灯具、开关及保险装置。如确无这种防爆设备，也可将开关、保险装置、照明灯具安装在屋外或单独安装在一个房屋内，禁止在带电情况下更换电灯泡或修理电器。

（5）照明灯具防火。

1）灯泡防火。灯泡（白炽灯、碘钨灯、高压汞灯等）通电后，表面温度相当高。灯具的功率越大，连续使用的时间越长，温度就升得越高。如果散热条件不良，在它们强烈的辐射热作用下，可以引起周围可燃物燃烧。防止灯泡引起火灾应注意做到：严禁用纸灯罩，或用纸、布包灯泡；在可能受到撞击的地方，灯泡应该有牢固的金属网罩；不能让灯泡过分靠近衣服、蚊帐、板壁、稻草、棉花及其他可燃物，至少要保持 30cm 以上的距离；绝对不可把灯泡放在被窝里取暖，这样做不但会受热起火，还有触电的危险。

2）荧光灯防火。荧光灯引起火灾的罪魁祸首是镇流器。其防火要领是：安装荧光灯要注意通风散热，不要紧贴木板并防止漏雨、潮湿；安装镇流器时，镇流器底部要朝上，不能朝下，更不能竖装，以防沥青熔化外溢；使用中如听到镇流器发出响声，手摸时温度很高，或闻到焦味，要及时切断电源检查；人离开房间时，要将电源切断。

（6）电视机、电脑防火。电视机、电脑应放置于干燥、通风、尘少之处，机身上不要放盛水的容器，也不要让雨水淋到。机器内要保持清洁，防止灰尘积聚；屏幕要用干净的绸布轻抹，不要用湿布擦拭；使用中如闻到焦味或蜡纸味，要及时切断电源检查，使用后要关机。有些电视机、电脑的开关仅能切断变压器的二次电源，一次侧仍通电，所以最好将电源插头拔掉；关机后，要等机身完全冷却后再盖上布罩。收音机、录像机、音响设备等，也要参照上述要求使用、保养，尤其是用后不要忘记及时断电。否则，它们的变压器在长时间工作后也会发热着火。

（7）电炉、电烙铁、干燥箱等电热器的防火需要注意：电热器功率应当与电路导线截面积相适应，防止过负荷；不能将电热器安装在可燃基座上或与可燃构件相接近；插头要完整，禁止用导线裸端直接插在插座上；电热器通电后，应有专人看管，用完后要切断电源。使用中遇到停电，应先关闭电路，待复电后再接通。

5. 自动监控和报警网络的建立

电气火灾监控报警系统可有效预防和缩短灭火的时间，减少火灾发生，如形成规模效应，作用就更大。应实行网络化管理，系统可支持多个监控站，互传信息、下达指令，这就需要有统一标准的通信协议（建议有关部门牵头进行协议和其他相关标准制定），形成消防系统广域网，消防部门通过系统可进行整个区域内的电气火灾监控，用户可实现资源共享，降低投资及管理成本。

第三节　电气火灾扑救

一、电气设备火灾扑救方法

电气设备线路起火时，一般是带电燃烧，火势发展较快，在线路下可形成火龙，并发出强烈耀眼的弧光。因此，扑救这种火灾，必须首先了解电源是否断绝，电压是高压还是低压，电源开关的位置在何处，附近有没有可蔓延燃烧的东西等，以便区分不同对象、不同情况，采取不同的灭火方法。

（1）不论何种电气设备，线路发生火灾都要设法断绝电源，然后再进行扑救。

（2）要迅速抢救疏散起火电气设备和线路附近的可燃物品，防止火势蔓延扩大。

（3）电气设备火灾，在没切断电源的情况下，不能使用水或泡沫灭火器等带导电性质的灭火器材进行扑救，可用干粉灭火器、二氧化碳灭火器（适于12000V以下的电气设备）或干沙土扑救，但人员必须与着火的电气设备、线路保持足够的安全距离，防止灭火剂被电流击穿触电伤人。如果断绝了电源，就可按一般物质的扑救方法进行扑救。

二、电气设备灭火时应采取的安全措施

（1）灭火前的电源处理。发生电气火灾时，应尽可能切断电源，而后再扑救，以防人身触电。切断电源时应注意以下几点。

1）停电时，应按规程规定的程序进行操作，严防带负荷拉隔离开关。在火

场内的断路器和隔离开关，由于烟熏火烤，其绝缘性能可能降低或被破坏，因此，操作时应戴绝缘手套、穿绝缘靴并使用相应电压等级的绝缘工具。

2）切断带电线路导线时，切断点应选择在电源侧的支持物附近，以防导线断落后触及人体或造成短路。切断低压多股绞线时，应分相剪断且应使用有绝缘手柄的电工钳。

3）在剪断电源时，相线和地线应在不同部位剪断，防止发生线路短路。

4）如果线路上带有负荷，应先切除负荷，再切断现场电源。

5）如夜间发生电气火灾，切断电源时，应考虑临时照明问题，以利于进行火灾扑救。

6）需要电力部门切断电源时，应迅速进行电话联系，向电力部门说清情况。切断电源后的电气火灾，多数情况下可按一般性火灾扑救。

（2）带电灭火的安全保护措施。发生电气火灾，如果由于情况危急，为抓住灭火时机，或因其他原因不容许和无法及时切断电源时，就要带电灭火。为防止人身触电，应注意以下几点：

1）扑救人员及所使用的导电消防器材与带电部分应保持安全距离。

2）扑救架空线路的火灾时，人体与带电线之间的仰角不应大于45°并应站在线路外侧，以防导线断落后触及人体。

3）应使用不导电的灭火剂灭火，例如二氧化碳和干粉等灭火剂。因泡沫灭火剂导电，在带电灭火时严禁使用，如图2-1所示。

图2-1 带电灭火应使用不导电的灭火剂

4）未穿绝缘鞋的扑救人员，要防止因地面有水而触电。

三、电气火灾的扑救注意事项

当电力线路、电气设备发生火灾，引燃附近的可燃物时，一般都应采取断电灭火的方法，即根据火场不同情况，及时切断电源，然后进行扑救。要注意千万不能先用水救火，因为电器一般来说都是带电的，而泼上去的水是能导电的，用水救火可能会使人触电，而且还达不到救火的目的，损失会更加惨重。发生电气火灾，只有在确定电源已经被切断的情况下，才可以用水来灭火。在不能确定电源是否被切断的情况下，可用干粉、二氧化碳等灭火剂扑救。

第三章

变电设施火灾防治

第一节 变压器防火措施

一、油浸式电力变压器火灾的产生原因

（1）变压器内部的绝缘材料和支架大多采用木材、纸板、棉纱、布等有机可燃物质，并有大量绝缘油。变压器油受到高温或电弧的作用，发热分解，析出易燃气体，在火花或电弧的作用下极易燃烧和爆炸，使整个地区停电，影响正常生产、生活，造成很大损失。

（2）由于绕组的绝缘老化、油质不佳或油量过少、铁芯绝缘老化、检修不慎、绝缘破裂进水受潮等原因造成变压器运行故障，保护系统失灵，导致变压器烧毁。

（3）由于螺栓松动、焊接不牢、分接开关接点损坏等引起的接触不良，都会产生局部高温或电弧而引起火灾。

（4）由于绕组的层间短路，各绕组的匝间和相间短路，绕组靠近油箱铁芯部分的绝缘被击穿，引起燃烧或爆炸。

（5）变压器的引线，大多由架空线引入，容易遭到雷击产生过电压侵袭，击穿变压器的绝缘而发生火灾。

（6）磁路的"铁芯起火"。由于硅钢片之间的绝缘损坏，或夹紧铁芯的螺栓套管损坏使变压器铁损增大，急剧升温而破坏绝缘，引发火灾。

（7）变压器内部绝缘管由于套管上有裂纹，其表面积有油分解的残渣及水分、酸和炭粒，如遇过电压，可使套管与油箱上盖间发生闪络，产生电弧而引起火灾。

（8）变压器漏油、渗油，使油面发生变化及产生油秒，也能引起绝缘强度降低，遇过电压放电闪络，产生大量的热而引起火灾。

二、油浸式电力变压器防火措施

（1）变压器的质量要符合制造厂的技术要求，对大、中型变压器要进行监造，安装时再按《电气装置安装工程　电气设备交接试验标准》（GB 50150—2006）进行交接试验，要仔细检查变压器的各个部件，看是否完好，确认完好后才能安装。

（2）变压器应有保护装置，其整定值应等于最高安全电流，用以保护变压器或在短路过负荷时不致发生火灾。熔体的选择应保证各引出回路发生过载或短路时可熔断。

（3）各种容量的变压器应安装温度计，并保证其灵敏正确，以掌握变压器的温升情况，温升不得超 60℃。

（4）100kVA 以上的变压器应装设油枕和油位指示计，并且油面指示计上应刻有相当于温度－20℃、15℃、35℃的油面温视线，经常监视油面，并检查变压器渗油、漏油现象及油箱和套管是否完好。

（5）变压器应通风良好，保持周围温度不超过 35℃。变压器的容量应适应需要，禁止超负荷运行。

（6）1000kVA 的变压器应安装排气保险管，减少变压器内的压力，防止油箱爆炸或爆裂。

（7）变压器的外壳应与设备接地网可靠连接，引入线应装避雷器，雷雨季节前应认真进行检查、试验，防止雷击起火。

（8）主变压器应设专门的储油池。一旦起火，可将油放入池内，避免油外流，防止爆炸和扩散。

（9）室内变压器应设置与变压器发热量相适应的通风口，并设置事故排油设施和集油坑。相邻变压器间的距离不足 5m 的，应用防爆隔墙进行隔离，可防止火势蔓延。

（10）变压器正常运行后还要按规桱的规定定时进行检修。若变压器严重超载，应予以更换或启用备用变压器使其得到缓和。

三、变压器的防火检查内容

对变压器进行巡回检查时，应特别重视和加强对变压器的防火检查，检查项目如下：

（1）检查变压器油枕内和充油套管内的油色（充油套管构造适用于检查时）、油面的高度以及油温是否正常，有无漏油现象。

（2）检查变压器套管是否清洁，有无破损裂纹、放电痕迹以及其他异常现象。引线接头接触是否良好，电缆和母线有无发热变色等缺陷。

（3）检查变压器内的声音是否加大，有无新的声音及爆裂声发生等。

（4）检查冷却装置的运行情况是否正常、完好，以及气体继电器的油面和连接门是否打开。检查防爆管的玻璃是否完整。

（5）变压器附近应清洁，无可燃物品及杂物，不容许杂草丛生，配备的消防设施应完好有效。

（6）遇到大风、雷雨、有雾、下雪等异常天气时，应根据现场的具体情况增加检查次数，在气候骤变时（冷、热），应对变压器的油面进行不定期的检查。

四、在变压器本体工作时应遵守的防火规定

（1）首先必须遵照《电气安全工作规程》中的有关规定，工作前应履行工作票制度，至少要有两人在一起工作，并应保证完成工作人员的技术措施和组织措施。

（2）进行变压器干燥时，工作人员必须熟悉各项操作程序，事先做好防火等安全措施，并防止加热系统故障和绕组过热烧坏变压器。

（3）变压器放油后（变压器芯暴露在空气中），进行电气试验，例如测量直流电阻或通电试验，严防因感应高压或通电时发热，引燃油纸等绝缘物。

（4）在处理变压器引线接头及在变压器芯周围进行明火作业时，必须事先做好防火措施，现场应设置一定数量的消防器材。

（5）在使用喷灯、火炉、电焊、气焊进行作业时。火焰与导电部分的距离为：电压低于 10kV 时，不得小于 1.5m；电压不低于 10kV 时，不得小于 3m。在靠近变压器的地方一般不容许点火。

五、变压器火灾的扑救

变压器的火灾事故危害甚大，一旦爆炸起火，顷刻之间便能蔓延成灾，而且不易扑救，其后果非常严重，因此当变压器发生火灾时，应按下列顺序进行扑救：

（1）变压器一经发现起火，应立即向有关领导报告，迅速组织人员进行扑救，并打 119 火警电话迅速向当地公安消防队报警。

（2）检查起火变压器所属的断路器是否自动切断，若未切断时，应立即将起火变压器所有高低压侧断路器手动切断，并将高低压侧隔离开关全部切断。

（3）若变压器的油溢在变压器顶盖上着火，则应设法打开变压器下部的放油阀，将油放入蓄油坑内，使油面低于着火处。当变压器内确实有直接燃烧的危险或外壳有爆炸的可能时，必须把变压器内的油全部放到蓄油坑内。操作放油阀时应考虑人员的安全，须有防护措施，最好采用喷雾水枪隔离火源，以确保人身安全。室外变压器可考虑在放油阀处接长管路（约 5m），同时考虑将油排入事故储油池，但必须注意，放光了油的变压器仍有可能爆炸或燃烧。

（4）在通向火区的道路上应临时设立值勤保卫人员，扑救火灾时，必须有领导统一指挥，以免现场混乱。为防止变压器爆炸伤人，无关人员严禁靠近。

（5）对变压器的初起火灾，应迅速使用干粉灭火器、1211 灭火器进行扑救。若火势较大，在公安消防队到达火场后，则由其全力扑救，在不得已的情况下，也可用沙子灭火，扑救时严禁使用泡沫灭火器，以防触电伤人。

（6）当火势继续蔓延扩大，可能波及其他设备时，应采取适当的隔离措施，必要时可用沙土堵挡。同时要防止着火油料流入电缆沟内。若电缆沟内已蔓延油火，应用干粉灭火器扑灭。

（7）当变压器着火并威胁到装设在其上部的电气设备，或当烟灰、油脂飞落到正运行的设备和架空线上时，必须设法切断此类设备的电源。

（8）一般的变压器发生火灾时，也可采用喷雾水枪进行扑救，但必须切断电源。

六、主变压器区域的防火

（1）变压器周围不准存放易燃易爆物品及其他杂物，主变压器区域的消防设施应完善。

（2）变压器容量在 90MVA 及以上时应装设固定灭火装置。

（3）油量为 2500kg 的变压器及油量为 2500kg 以上的户外变压器之间，防火间距应符合表 3-1 的要求。

表 3-1　　　　　　　　　变压器防火间距

变压器电压等级/kV	防火间距/m	变压器电压等级/kV	防火间距/m
200～500	10	≤35	5
110	8		

（4）若防火距离不能满足规定时，应设置防火隔墙，防火隔墙应满足以下要求：

1）防火隔墙高度应高出变压器油枕顶端 0.3m，宽度应超出储油坑两侧各 0.6m。

2）防火隔墙与变压器散热器外缘之间必须有不少于 1m 的散热空间。

3）防火隔墙应达到一级耐火等级。

（5）变压器事故排油管应直接伸入卵石层下，严禁变压器油直接排在卵石上部或排入电缆沟、下水道。

（6）应定期检查和清理蓄油坑卵石层，确保不被淤泥、积土等堵塞。

（7）户外变压器和有隔离油源设施的户内油浸设备失火时，可用水灭火；无放油管路时，则不应用水灭火。

（8）变压器检修需要明火作业时，应做好防火措施，现场附近严禁吸烟。

（9）主变压器区域应配备足量的消防设施和水源，消防器材禁止挪作他用。

（10）室外布置的电力电容器与高压电气设备保持5m及以上的距离，室内布置电力电容器的建筑物应是耐火二级、丙类生产标准，所采用的防火门应向外开。

七、怎样扑救充油电气设备火灾

变压器、油断路器等充油电气设备都有较多的绝缘油，一旦起火，应根据不同情况，采取适当的方法进行扑救。

（1）如果只在容器的外面局部着火，而设备容器并没有受到损坏时，可以用干粉灭火器、二氧化碳灭火器、1211灭火器进行带电灭火。

（2）如果火势较大，对附近的电气设备有威胁时，应切断起火设备和受到威胁设备的电源，然后用喷雾水枪扑救或用水带电灭火。

（3）当火势发展猛烈，设备内确有直接燃烧的危险或油箱有爆裂的可能时，应设法把设备内的油全部放到蓄油坑内，操作放油阀时，应注意人员的安全，利用喷雾水枪掩护，坑内和地上的油应用泡沫灭火器进行扑救。

（4）充油设备起火时，要防止着火油料流入电缆沟内，否则，火势会沿着电缆沟向四周蔓延。电缆沟内的油火只能用泡沫覆盖堵塞，不宜用水直射，以防火势扩大。

八、用灭火器带电灭火时应注意的问题

对于初起电气火灾或带电设备附近其他物品起火，可以使用灭火器进行带电灭火。为了确保扑救人员的安全和扑救方法的可行有效，在使用灭火器带电灭火时，还应注意以下几点：

（1）使用灭火器，最重要的是保持最小安全距离。即灭火器的机身、喷嘴及人体各部分与高压带电体之间的距离，应保持不小于带电作业时接地体对带电体的距离（表3-2），对于低压带电体，也要防止直接与带电体接触。

表3-2　　　　　　带电作业时接地体对带电体的最小距离

电压/kV	距离/m	电压/kV	距离/m
10	0.4	220	1.8
35	0.6	500	3.4
110	1.0		

（2）使用二氧化碳灭火器灭火时，扑救人员应距离火区2～3m，小心喷射，勿使干冰沾到皮肤，室内时应戴防毒面具，注意灭火后通风。

（3）不能用泡沫灭火器带电灭火。

第二节　开关类设备防火措施

一、油断路器的防火措施

（1）油断路器在安装前应严格检查。油断路器的截断容量应大于装设该断路器回路的容量。检修时应进行操作试验，保证机构灵活可靠，并且调整好三相动作的同期性。

（2）油断路器与电气回路的连接要紧密，并用红外测温仪测试温度。触头损坏应调换。检修完毕应按规程进行试验，并由专人负责清点工具，防止工具掉入油箱内导致短路。

（3）油断路器投入运行前，还应检查绝缘套管和油箱盖的密封性能，以防油箱进水受潮，造成断路器爆炸燃烧。

（4）油断路器运行时应经常检查油面高度，油面必须严格控制在合理范围之内。发现漏油、渗油或有不正常声音时，应立即降低负载或停电检修，严禁强行送电。

二、隔离开关火灾产生的原因

低压隔离开关由于经常进行闭合和拉开电源的操作，比其他电气设备更容易产生火花、电弧。如果对电气隔离开关的规格型号、性能参数等选用不当、操作失误或发生开关失灵等故障，不仅不能保证电气设备安全运行，而且还会扩大事故范围，甚至造成火灾。其火灾的产生主要由于以下原因：

（1）开关的容量、电压、规格型号等选用不当，造成开关过载、相间短路，产生火花、电弧，引燃导线和其他可燃物，引起火灾。

（2）隔离开关的刀片由于接触不良或与导线连接松动，造成接触电阻过大，使刀片和导线过热、变形，甚至熔化引起火灾。

（3）三相开关的刀片有一相未接触或假接而失去效能时，会引起电动机和线路单相运行，造成线路过载和电动机绕组过热烧毁。

（4）隔离开关分合时，出现火花或电弧，容易引燃可燃物或易燃气体而爆炸、燃烧。

三、隔离开关的防火措施

隔离开关在闸刀下方配有熔断器。由于隔离开关结构简单，安装、使用方便，因此在一般工厂企业、日常生活中广泛使用。隔离开关多用于照明、电热器具等的电气线路中，作为开关使用。

（1）选用隔离开关时，隔离开关的额定电流应按线路负荷电流的大小选配，严禁超载。

（2）在有爆炸、火灾危险的场所和有腐蚀的场所，一般不使用隔离开关。如需使用时，应将隔离开关装在室外或专用的配电箱内，并应有防护设施。

（3）按规程规定，安装隔离开关应为正装形式，电源线接在隔离开关的静触点上。拉合操作时应动作迅速，以减弱电弧。

（4）隔离开关如有刀触点松动、氧化严重失去弹性，会形成接触不良，使隔离开关发热并有火花、电弧产生，增大火灾危险性，而且越发热，氧化越厉害，越接触不良，而形成恶性循环。所以隔离开关如有上述现象或已损坏时，应及时修理或更换。

四、控制继电器的防火措施

控制继电器本身产生火灾的危险性并不太大，但由于它在自动控制和供电系统中都具有重要作用，一旦操作人员动作失误或机械失灵，后果将十分严重。控制继电器防火措施如下：

（1）控制继电器在选用时，除线圈电压、电流应满足要求外，还应考虑被控对象的延误时间、脱扣电流倍数、触点个数等因素。

（2）控制继电器要安装在少尘、干燥的场所，现场严禁有易燃易爆物品存在。安装完毕后必须检查各部分接点是否牢固、触点接触是否良好、有无绝缘损坏等，确认安装无误后方可投入运行。

（3）由于控制继电器的动作十分频繁，为此必须做到每月至少检修两次。除例行检查外，重点应检查各触点的接触是否良好，有无绝缘老化，必要时应测其绝缘电阻值。另外还应注意保持控制继电器清洁无积尘，以确保其正常工作。

五、接触器的防火措施

接触器是适用于远距离和大容量控制电路以及频繁接通和分断的交流、直流主电路的开关电器。交流、直流接触器分别用于控制交流、直流电路，通常与熔断器、按钮开关配合使用。

（1）选用接触器时，应查明其铭牌和线圈上的技术数据，确保电压、电流与使用条件相符合。

（2）接触器应完整，动作灵活，无吸合迟缓、停滞、发卡、灭弧装置失灵等故障。

（3）接触器三相触头动作时间应同步，触头间压力适当，无接触不良等现象。

（4）接触器不应过载使用，应保证触头容量足够。

（5）工作人员不宜频繁操作，否则会使线圈过热或烧毁，尤其在电源电压过高或过低时，更应注意。

（6）安装工作人员应正确操作，不发生错误接线，否则控制回路连锁误动，必然发生相间短路，产生电弧，引起火灾。

（7）接触器应装设在干燥、少尘的控制箱内，并应保持线圈、触头清洁。

（8）按期检查或维修，如发现异常现象或损坏，应及时修理或更换。

第三节　高压电容器防火措施

高压电容器（以下简称电容器）是由圆筒体、筒体顶部、平盖或半球形封头、密封元件以及一些附件组成。电容器具有损耗低、重量轻的特性，它的主要作用如下：

（1）在输电线路中，利用高压电容器可以组成串补站，提高输电线路的输送能力。

（2）在大型变电站中，利用高压电容器可以组成 SVC，提高电能质量。

（3）在配电线路末端，利用高压电容器可以提高线路末端的功率因数，保障线路末端的电压质量。

（4）变电站的中、低压各段母线均会装有高压电容器，以补偿负荷消耗的无功功率，提高母线侧的功率因数。

（5）有非线性负荷的负荷终端站也会装设高压电容器，作为滤波之用。

一、电容器发生爆炸的原因

（1）电容器内部元件击穿。主要是由于制造工艺不良引起。

（2）电容器元件对外壳绝缘损坏。电容器高压引出线如果制造工艺不良，容易产生电晕，电晕会使油分解，外壳膨胀，油面下降而造成击穿事故。

（3）绝缘不良和漏油。由于套管密封不良，潮气进入内部，使绝缘电阻降低；或因漏油使油面下降，导致极板对外壳放电或元件击穿。

（4）内部游离。由于内部产生电晕、击穿放电和严重游离，电容器在过电压的作用下会使元件游离电压降到工作电场强度之下，使绝缘加速老化、分解，产生气体，导致外壳压力增大，造成壳壁外鼓甚至爆炸。

（5）负荷合闸引起电容器爆炸。电容器组每次重新合闸，必须在断路器断开的情况下将电容器放电 3min 后才能进行。否则合闸瞬间的电压极性可能与电容器上残留电荷的极性相反而引起爆炸。

此外，还可能由于温度过高、通风不良、运行电压过高、电压谐波分量过大或操作过电压等原因引起电容器爆炸。

二、运行中电容器的防火检查

电容器在运行中，应做如下检查：

（1）检查电容器的电容量是否超过额定值，是否稳定，有无急增现象。

（2）发现电容器箱有膨胀和漏油现象、发出声响或外部发生火花时，就立即切断电源，停止运行，进行检修。

（3）检查电容器有无异常声响发生，放电指示灯泡有无烧毁情况。

（4）电容器不允许超过其额定电压 1.1 倍的情况下长期运行，电流表不对称度不允许超过额定电流的 5%。

（5）发现电容器熔断器熔断，要查明原因才能更换熔丝。保护装置动作后，不得强行送电，也要查明原因再投入运行。

（6）检查端子及接头等处是否过热，套管是否清洁完整。

（7）电容器室的温度不得超过 35℃，电容器的外壳要可靠接地。

三、电容器室的防火措施

（1）高压油浸电力电容器室应采用二级丙类耐火等级的建筑，室内应有良好的自然通风。若自然通风不能保证室内温度低于 45℃ 时，应另设通风装置，并采取防雨雪和防小动物进入的措施。

（2）高压电容器宜单独设置。1kV 以下的低压电容器可设置在高、低压配电室内。

（3）电容器的分层不宜超过三层，下层底部距地面不应小于 100mm，电容器外壳相邻面之间至少保持 50mm 的间距，通道宽度不应小于 1m。电容器带电桩头离地低于 2.2m 时应加适当的遮护设施。

（4）电容器组应由单独的总开关控制，设有自动放电装置和接地装置。每个电容器还应由单独的熔断器加以保护。

（5）电容器投入运行时，室内温度不应超过 45℃，电容器表面温度不应超过 55℃，并保证室内、设备表面及支架的清洁，应经常检查电容器运行情况，发现问题，及时处理和维修，修复后，应进行绝缘测定。

四、电容器火灾扑救时的注意事项

电容器发生火灾时，在切断电源后，若没有采取措施让电容器放电，电容器上仍有较高的残留电荷，此时用水和泡沫直接扑救，容易发生触电危险，必须待其放电后才能扑救，或采取带电灭火的方法，以免发生危险。

第四节 蓄电池室防火措施

一、酸性蓄电池室防火措施

蓄电池在充电和放电过程中放出氢气和氧气，氢气和氧气或空气混合能形成爆炸混合物。氢气在空气中的爆炸极限为 4%～75%，在氧气中的爆炸极限为 4%～95%，上、下限范围较大，所以在使用蓄电池设备和装备蓄电池室时，需采取以下必要的防火措施：

（1）严禁在蓄电池室内吸烟和将任何火种带入蓄电池室内。蓄电池室门上应有"蓄电池室""严禁烟火"或"火灾危险，严禁火种入内"等标志牌。

（2）蓄电池室采暖宜采用电采暖器，严禁采用明火取暖。若确有困难需采用水采暖时，散热器应选用铜质，管道应采用整体焊接。采暖管道不宜穿越蓄电池室楼板。

（3）每组蓄电池宜布置在单独的室内，如确有困难，应在每组蓄电池之间设耐火时间为大于 2.0h 的防火隔断。蓄电池室门应向外开。

（4）酸性蓄电池室内装修应有防酸措施。

（5）容易产生爆炸性气体的蓄电池室内应安装防爆型探测器。

（6）蓄电池室应装有通风装置，通风道应单独设置，不应通向烟道或厂房内的总通风系统。离通风管出口处 10m 内有引爆物质场所时，则通风管的出风口至少应高出该建筑物屋顶 2.0m。

（7）蓄电池室应使用防爆型照明和防爆型排风机，开关、熔断器、插座等应装在蓄电池室的外面。蓄电池室的照明线应采用耐酸导线，并用暗线敷设。检修用行灯应采用 12V 防爆灯，其电缆应用绝缘良好的胶质软线。

（8）凡是进出蓄电池室的电缆、电线，在穿墙处应用耐酸瓷管或聚氯乙烯硬管穿线，并在其进出口端用耐酸材料将管口封堵。

（9）当蓄电池室受到外界火势威胁时，应立即停止充电，如充电刚完毕，则应继续开启排风机，抽出室内氢气。

（10）蓄电池室火灾时，应立即停止充电并灭火。

（11）蓄电池室通风装置的电气设备或蓄电池室的空气入口处附近火灾时，应立即切断该设备的电源。

二、其他蓄电池室防火措施

其他蓄电池室（阀控式密封铅酸蓄电池室、无氢蓄电池室、锂电池室、钠硫电池、UPS室等）应采取下列防火措施：

（1）蓄电池室应装有通向室外的有效通风装置，阀控式密封铅酸蓄电池室内的照明、通风设备可不考虑防爆。

（2）锂电池、钠硫电池应设置在专用房间内，建筑面积小于 $200m^2$ 时，应设置干粉灭火器和消防沙箱；建筑面积不小于 $200m^2$ 时，宜设置气体灭火系统和自动报警系统。

第四章

调度场所、通信中心及实验室的防火措施

第一节　调度场所防火措施

预防电气火灾，关键在于日常的用电管理和检查维护，在供用电两方面都要有行之有效的管理制度和安全措施。

（1）制定和认真落实供用电检查维护制度。定期对供电设备、配电线路、电缆进行安全检查和维护，是预防电气火灾的重要措施。发现线路老化、连接松动，线路及电缆发热温高，应认真找出原因，及时维修，附件破损应立即更换。

（2）节假日或公休日及夜间下班后，凡无运行设备的房间应一律断开供电电源。

（3）通向交直流配电室的电缆沟道要严格封堵，窗户应安装纱窗，严防小动物进入配电室啃咬电缆和设备配线，造成短路事故。

（4）严禁在调度楼内的任何房间擅自使用未经批准的电热器具。

（5）外包施工队在施工期间的用电，必须由专职电工安装，擅自乱拉乱接用电，专职人员有权停止供电，同时追究委托管理科室现场安全负责人的责任。

（6）加强交直流配电室的安全防范管理，非工作人员一律不准进入。

调度室的防火措施主要有：

（1）各室（房）应建在远离有害气体源及存放腐蚀、易燃易爆的地方。

（2）各室（房）的隔墙、顶棚内装饰宜采用非燃烧材料。控制室、调度室应有不少于两个安全出口。

（3）控制室、调度室应有不少于两个安全出口。

（4）各室（房）严禁吸烟、禁止明火取暖。计算机房维修必用的各种溶剂（包括汽油、酒精、丙醋、甲苯）应采用限量办法，每次带入室（房）不超过100g。

（5）严禁将带有易燃、易爆、有毒、有害介质的一次仪表（如氢表、油压表）装入控制室、调度室、计算机室（房）。

（6）室（房）内使用的测试仪表、电烙铁、吸尘器等用毕后必须及时切断电源，并放到固定的金属架上。

（7）空调系统的防火。

1）通风管道的保温应采用难燃或非燃烧材料，特别是靠近电加热器部位，应采用非燃烧材料。

2）通风管道应装有防火闸门，既要有手动装置，又要在关键部位装易熔环或其他感温装置。当温度超过25℃时，防火门自动关闭。

3）空调机在运转时，值班人员不得离开，工作结束离开室（房）时，空调机必须停用。

4）空调系统要采用闭路连锁装置。

（8）档案室收发档案材料的门洞及窗口应安装防火门窗，其耐火极限不得低于0.75h。

（9）档案室与其他建筑物直接相通的门均应做防火门，其耐火极限应不小于2.0h；内部分隔墙上开设的门也要采取防火措施，其耐火极限要求为1.2h。

（10）新建及扩建单机容量为200MW及以上发电厂的集控室（包括电缆层）、计算机房、通信室应设置火灾探测设施和灭火装置。在厂房外单独设置的主控室、网控室、通信室宜设置火灾探测装置。

（11）各室（房）配电线路应采用阻燃措施或防燃措施，严禁乱拉临时电线。

（12）各室（房）一旦发生火灾报警，应查明火源，加以消除。若已发生火情，则应切断电源，开启直流事故照明，关闭通风管道防火闸门，采用1211等灭火器进行灭火。

第二节 通信机房防火措施

1. 通信机房的特点及火灾危险性

（1）机房组成复杂，设备多。电源、空调等附属设备较多。

（2）设备价格昂贵。

（3）电源电缆、信号电缆纵横交错，敷设明少暗多，发生隐患不易发觉。

（4）老机房装修材料采用可燃材料的较多，耐火性能低。

（5）长期连续运行，由于设备质量问题或元器件故障等因素，可能会出现绝缘击穿、线路短路、接触点过热等情况。

（6）部分机房夜间无人值守，发生火情不能及时得到控制。

2. 防火措施

（1）动力电缆、信号电缆严格分别敷设，孔洞要用阻燃材料封堵，电缆涂刷防火涂料，检查电缆是否老化或被小动物啃咬，对发热电缆要迅速查明原因，采取预防措施直至更换。凡近期不使用的孔洞均应用阻燃材料封堵。

（2）要严格执行《机关、团体、企业、事业单位消防安全管理规定》，做好每日的防火巡查，及时发现并及时消除火灾隐患，做好巡查记录，存档备查。

（3）未经批准，严禁在机房乱拉接电源和随意增设电器设备，加大用电负荷，停机时要及时切断电源。

（4）机房内严禁吸烟。机房施工时，要切实加强明火管理和随工管理。需要明火作业的，必须办理动火工作票，落实防火措施后方可施工，施工结束时彻底消除火种。

（5）未经批准机房谢绝外人参观，设备厂家人员或施工人员在机房工作时，必须要有安全监护人。

（6）要强化预防外部强电、雷电侵入和内部产生的静电所引发的火灾，经常检查，加强监控，及时发现事故预兆，及时排除隐患。

（7）机房应装置自动报警、温度自动报警和气体灭火系统，同时还要配置灭火器、防毒面具，以防患于未然。

（8）机房严禁使用易燃材料装修，不得使用电热器具，保持机房清洁，工作完毕及时清理现场。

（9）要定期对员工进行消防安全教育，增强防火意识，掌握防火灭火知识技能，全体员工要做到"四懂四会"，要制定机房灭火预案，并定期进行预案演练。

3. 通信机房"十不准"

（1）不准吸烟。

（2）不准使用电炉、电热水器等器具。

（3）不准存放与设备无关的资料和除设备外的其他材料物品。

（4）不准作为临时仓库。

（5）不准设置、配备沙发。

（6）不准无关人员进入。

（7）不准乱拉乱接电线。

（8）不准用汽油等易燃物液体擦拭地板。

（9）不准存放易燃、可燃液体和气体。

（10）不准把食物带入机房。

第三节　计算机机房防火措施

计算机房的火灾危险性在于传输电缆数量多，这些电缆绝缘层的材料大部分多属于低热阻，在70℃时开始变软，100℃时产生挥发和分解，210℃时就会融化。一旦电气线路起火，火势极易蔓延成灾。加之设备需长时间连续工作，如设备质量不好或元件接触不良，就能因过热发生绝缘击穿，造成短路，引起火灾。

国内外计算机房发生火灾的一个重要原因是管理不善，因此必须制定严格的规章制度。

（1）禁止使用易燃液体擦拭机器，可采用不燃洗涤剂擦拭。

（2）光盘、卡片、程序表和文件等必须存放在防火柜内，严格管理。废纸应放在金属制的废纸箱内，并应每天进行处理。

（3）值班人员应经常进行巡视检查，发现不正常情况应及时处理和报告。严重时，应停机检查，排除隐患后再开机运行。

（4）机房内的电器线路和接地装置应定期检查，进行绝缘和接地电阻的试验，发现异常情况及时处理，不留隐患。

（5）机房配备的灭火器距设备最远不宜超过20m。

（6）值班人员必须熟悉机房的消防设备，灭火器材的性能、位置和使用方法，并经常保持清洁完好。

第四节　实验室防火措施

实验室里设有较多的电器设备、仪器仪表、化学危险物品，以及空调机、电炉等附属设备，一旦用火、用电发生失误或对化学危险物品使用不当，很容易发生火灾。实验室防火措施如下：

（1）实验室内使用的电炉必须确定位置、定点使用、专人管理，周围严禁堆放可燃物，电炉的供电电源线必须是橡套电缆线。

（2）实验室使用的电烙铁要放在非燃隔热的支架上，周围不能堆放可燃物，电烙铁用后立即拔下其电源插头。

（3）一般实验室要形成制度，下班时切断实验室电源，实验室内的用电量不容许超过额定负荷。

（4）实验室内使用的易燃易爆化学危险品应随用随领，不在实验室存放；零星少量备用的化学危险品应由专人负责，存放在金属柜中。

（5）实验室内为了试验临时拉用的电气线路应符合安全要求，电加热器、电烤箱等设备应做到人走断电，冰箱内禁止存放相互抵触的物品和低闪点的易燃液体。

第五章

线 路 区 域 火 灾 防 治

第一节　架空输配电线路防火措施

架空输配电线路是电网的重要组成部分，它承担电能输送的艰巨任务，架空输配电线路的安全运行与电网、人民的生活用电量、社会稳定紧密相连，为此，输配电线路的运维工作尤为重要。但输配电线路具有所处地理位置特殊、运行环境复杂的特点，运维工作点多面广、涉及方方面面任务繁杂。

随着社会经济的发展，人们对供电的可靠性和稳定性要求越来越高，与此同时，由于土地资源的日趋紧张，架空输配电线路的路径选择越来越趋于山区化、荒野化，加之近年来退耕还林、人们生产生活方式的转变以及焚香祭祖风气盛行等原因，导致山火频发，给输配电线路的安全稳定运行带来巨大的威胁。如何防止山火导致的输配电线路跳闸故障，已经成为各级领导高度重视的问题。

一、山火发生的条件

一般来说，山火发生需具备可燃物、火源和火险天气三个条件，其中可燃物和火源是发生山火的必要条件，火源是发生山火的关键因素，在可燃物和火源都具备的情况下，山火能否发生主要取决于天气条件。

1. 可燃物

可燃物按照燃烧的难易程度及产生热量的大小大致可分为以下几种：

（1）易燃可燃物。在一般情况下，这类可燃物易干燥、易燃且燃烧速度快，燃烧时产生的热量少，且热量不易保持，易扑灭。主要包括地表干枯的杂草、枯枝、落叶、凋落树皮、地衣和苔藓等。

（2）燃烧缓慢的可燃物。此类可燃物一般指颗粒较大的重型可燃物，如枯木、树根、大枝、倒木、腐殖质等。这些可燃物一般情况下不易燃烧，但着火后能长期保持热量，不易扑灭。在清理火场时很难清理，且容易发生复燃。

（3）难燃可燃物。此类可燃物主要指正在生长的草本植物、灌木和乔木。

2. 火源

（1）自然火源。自然火源是一种自然现象，有雷击火、陨石坠落、枯枝落叶发酵发热（地被植物自燃）或树枝摩擦生热产生的自燃现象。自然火源中的雷击火多发生在高纬度地区。

（2）人为火源。人为火源是山火发生的主要火源，也是防治山火工作中的关键性控制因素。

3. 火险天气

火险天气是指有利于山火火灾发生的气候条件，如气温高、降雨少、相对湿度小、大风、长期干旱等。

二、山火发生的时间和季节性特点

山火隐患具有明显的季节性、时段特点，山火的发生与天气状况、地理环境、植被情况、线路通道情况、导线对地距离、周边人员活动规律等有密切的关系。要防止输电线路因山火导致的跳闸事故，应首先根据山火隐患的特点进行分类排查，从而制定针对性的防范措施。

从山火发生的季节性和时段特点来看，山火的发生多集中在以下时段：①冬末春初，植被干枯，此时如少雨干燥，则易发生自燃；②秋末冬初，天气干燥多风，农民秋收后大量的农作物秸秆留存地头，农民烧荒引发山火；③清明前后是集中祭祖扫墓的时节，易发生火灾；④中秋天高气爽时，也应高度关注其间的山火防范。

山火发生的环境条件与线路通道内的植被情况、周边环境、地形地势以及人员活动情况密切相关。山火发生的环境条件一般包括以下几种情况：

（1）线路通道内树木茂盛，林区、灌木茂盛或蒿草高大茂密且导线对地距离低，同时周边有农田、菜地、坟地或者邻近居民区的地段。

（2）虽然导线对地距离高，但线路通道内存在大量高大乔木和灌木，且附近存在火源（如农田、菜地烧荒，坟地扫墓，居民区人员活动无意失火等）的地段，一旦发生山火，因灌木引燃高大乔木，导致火势大，燃烧时间长，造成输电线路跳闸的概率大大增加。

（3）线路通道内虽已进行清障砍伐，但清障时砍倒的树木未及时清理，区段内因堆积大量可燃物而成为山火发生的极大隐患，一旦有火源，将发生火势迅猛、燃烧猛烈持久的山火，极易导致线路跳闸。

（4）邻近城乡结合部或农村零散户的山地、林地发生山火的概率高。因为城乡结合部流动人员复杂，用火随意性大，防范意识差，而农村零散户用火、烧荒疏于看管，且无人提醒，容易发生山火。

三、分季节时段、分类、分区制定山火防范计划和措施

基于山火发生的条件和季节性、时间以及环境特点，在开展山火防范工作时，应正确分析全年的防山火工作形势，提前部署和规划，根据季节、时段特点和区域分布的密度进行工作计划的制订、人员的调配、工作疏密的安排以及各种措施的制定。

（1）开展防山火重点区域排查，分类、分区建立档案，制定山火防范计划对输电线路进行分线路、分区段的全面排查，逐档、逐基建立档案，对山火多发、易发区段，应根据山火隐患点距离线路距离及导线下方植被的净空距离的大小划分不同等级的防火区段，如Ⅰ级防火区段（山火易发、多发区）和Ⅱ级防火区段（存在山火隐患，但发生概率小），并根据不同等级的防火区段制定对应的防范措施。

（2）分季节、时段和天气状况制定山火防范工作计划。

1）冬末春初、秋冬时期、清明、春节等山火易发、多发时段，应制定细致周密的山火防范计划，落实各区段负责人、工作人员及护线员等相关人员的工作内容，一旦进入该时段即启动相应的计划和任务分配，确保全年防山火工作有序连贯。

2）密切关注天气变化，提前做好连续高温干旱气候条件下的防范计划。

3）加强山火隐患排查，实时更新山火隐患档案，要做到防山火工作的不断流、不留死角。

4）加强公司内部员工防山火工作意识教育，做到在山火缓解期内人员思想不放松、不麻痹。

5）加大对线路沿线居民防山火工作宣传力度，从源头上杜绝因人为火源引起的山火的发生。

（3）加强重点防火区段线路巡视，早发现、早消除山火隐患。根据线路防火区段的划分情况，加强线路巡视，在重要防火时段，运行单位应提前安排人员驻守防火现场，加强监控和巡视，以便早发现、早消除山火隐患。

（4）建立健全外围支援网络。防山火工作仅仅依靠自身班组有限的人力、物力应对输电线路点多、面广的山火隐患是绝对不够的，必须加强线路沿线广大群众护线员的培训教育工作，以提高群众护线员的护线技能水平，建立起一支业务素质高、责任心强的群众护线队伍，有效防范山火对输电线路稳定运行的潜在安全风险，同时应联合地方政府、消防、林业部门及沿途供电所等部门建立结构合理、覆盖全面、监控有效的护线信息网络和群防、联防机制。

第二节 电缆防火措施

一、电缆燃烧的特点

（1）在一般的情况下，电缆是以爆炸形式起火燃烧的。电缆着火后，顺着电缆线，呈线形燃烧，像快速点燃的蚊香，烟大火小速度慢。

（2）电缆着火，烟雾弥漫，故障点寻找难。此种燃烧起初发生在电缆的某一段，若发生在电缆夹层、沟内或隐蔽处，难以找到着火点，极易扩大成灾。

（3）一般电缆布置比较密集，单根电缆爆炸着火后，形成的带火流胶流向相邻近的其他电缆，许多电缆被点燃，相继短路爆炸，引起连锁反应，造成事故扩大。

（4）电缆燃烧会产生大量的浓烟和有毒气体，电缆烟气不仅会破坏电气设备的绝缘，造成设备的短路，而且威胁人的生命安全。

尤其值得注意的是：塑料电缆、铅包纸绝缘电缆、充油电缆或沥青、环氧树脂电缆头等燃烧时，都会产生大量的浓烟和有毒气体。这种烟气具有特殊的臭味，扩散以后不仅能够破坏电气设备的绝缘，污染周围的环境，而且对人体十分有害，甚至威胁人的生命安全。

二、电力电缆爆炸起火的原因及防火措施

1. 外部原因引起火灾

（1）电缆绝缘损坏。

（2）电缆头故障使绝缘物自燃。

（3）堆积在电缆上的粉尘自燃起火。如锅炉房电缆上煤粉长期不清扫，在高温烘烤下自燃起火。

（4）电焊火花引燃易燃品，电缆沟管理不严造成火灾。

（5）充油电气设备故障，喷油起火。

（6）电缆遇高温起火并蔓延。

2. 防火措施

（1）远离热源和火源。

（2）隔离易燃易爆物。

（3）封堵电缆孔洞。

（4）防火分隔。

（5）防止电缆因故障而自燃。

（6）设置自动报警与灭火装置。

三、电缆防火检查内容

为了进一步提高电缆的运行水平，使运行人员掌握电缆运行的特性，并使一些隐患和事故苗头能够得到及时消除，特规定电缆防火检查的内容有如下几点：

（1）应定期检查并记录汇流母线电缆和重要用户电缆的表面温度及周围温度，应检查最热处的电缆温度以确定电缆是否过载。检查电缆温度一般每月一次，检查方法可将酒精温度计固定在电缆钢甲上或电缆接头盒上；也可以用红外线测温仪检测电缆接头的温度，测量电缆温度应在负荷最大时进行。当测得电缆温度不正常或超过额定温度时，必须绘制温度及负荷变化曲线研究其原因，并采取适当措施。

（2）正常运行中的电力电缆不容许过负荷。若电缆负荷超过额定值，应立即向站长以及地调报告，并采取必要的减负荷措施。对于重要线路，应根据调度的要求，选择每月中负荷最高的一天做出负荷及温度曲线图，进行系统分析，以便采取措施，保证电缆安全经济运行。

（3）电缆沟道、电缆井及电缆架等的巡查应根据具体情况至少每月一次，当地面的盖板被破坏时，应及时修补。如遇暴雨、洪水等异常天气，应进行专门的巡查。对发现的异常缺陷和现象要严密监视，及早消除。

（4）在敷设电缆的沟道上严禁堆放瓦砾、建筑材料、笨重物件及酸碱性排泄物等。因电缆施工而拆除的防火隔墙，凿开的孔洞应重新封堵。

（5）巡视电缆线路时，应着重检查电缆的接头盒有无发热、漏胶等缺陷，电缆终端接头应清洁，套管无破裂、渗油及放电现象，引出线接头紧固，无发热等异状。电缆无损伤及严重腐蚀，接地线应完好。

（6）应定期对电缆线路进行清扫维护。电缆隧道及电缆沟内支架和过桥电缆支架必须牢固。若支架松动或腐蚀严重，应采取防护和加固措施。

四、防止电缆火灾应采取的措施

（1）新、扩建工程中的电缆选择与敷设应按《火力发电厂与变电站设计防火规范》（GB 50229—2006）中的有关部分进行设计。严格按照设计要求完成各项电缆防火措施，并与主体工程同时投产。

（2）各生产单位应在设计阶段介入工作，并按有关规定审查设计是否符合防火要求，对工程进行全过程管理。

（3）凡穿越墙壁、楼板和电缆沟道而进入控制室、电缆夹层、控制柜、仪表盘、保护盘、配电室等处的电缆孔、洞、竖井，以及控制室和配电室之间、进入油区的电缆入口处必须用有机防火堵料严密封堵。

（4）防火涂料、封堵材料必须经国家技术鉴定合格，并由公安部门颁发生产许可证的正规厂家生产，其产品应为适用于电缆不燃或难燃的材料，并符合规范规定的耐火时间，在涂刷时要注意稀释液的防火。

（5）电缆沟道内每隔 60m 处、丁字口处、拐弯处、进入室内处必须设置防火隔墙，防火隔墙采用软质耐火材料构成，厚度不小于 250mm。

（6）配电室开关柜空位严禁用木板封盖。

（7）电缆夹层、隧（廊）道、竖井、电缆沟内应保持整洁，不准堆积杂物，电缆沟内严禁积油。

（8）如需在已完成电缆防火措施的电缆层上新敷设电缆，必须及时补做相应的防火措施。

（9）凡设有电缆夹层、电缆竖井的变电站，均应配备正压式空气呼吸器和防火服。

（10）进行扑灭隧（廊）道、电缆夹层、通风不良场所的电缆火灾时，必须戴空气呼吸器及绝缘手套，并穿绝缘鞋。

（11）在多个电缆头并排安装的情况下，应在电缆头之间加隔板或填充阻燃材料，电力电缆中间接头盒的两侧及邻近区域应采取阻燃措施。

（12）建立健全电缆维护、检查和防火、报警等各项规章制度。坚持定期巡视检查，对电缆中间接头定期测温，按规定进行预防性试验。

（13）要制定电缆着火后的救火预案，并对有关人员进行救火训练，熟练掌握各种消防器材的使用方法，定期进行消防演练。

五、在电缆沟道内进行工作时应遵守的防火规定

为了确保电缆的安全运行，不仅要采取各种必要的安全措施，而且在电缆沟道内进行工作时，工作人员还必须提高警惕，严格执行各项防火规定，谨防因工作不慎或使用明火不当造成意外的火灾事故，所以工作人员一般应遵守如下规定：

（1）在电缆沟道内工作，必须要有负责人的命令。例如填写工作票等；进行工作的人数应不少于两人，并应执行有关安全工作的制度；进行工作时，工作地点两侧的门均应打开，工作地点应设置遮栏，悬挂"在此工作"的标示牌。

（2）在电缆沟道内或母线室下的电缆夹层进行工作，如需明火作业时（例如使有喷灯、电焊、气焊等），为了安全起见，工作地点应备有一定数量的消防器材，同时应注意火焰与导电部分的距离：电压低于 10kV 时，不得小于 1.5m；电压不低于 10kV 时，不得小于 3m。

（3）在电缆沟中使用喷灯时，喷灯加油必须在洞外进行，绝对禁止在洞内

加油。点着火的喷灯，应把喷嘴对着耐火墙或石棉板。

（4）在电缆沟内或洞内进行工作时，工作完毕后，应仔细检查有无物品遗留，特别是可燃物。禁止把剩余的绝缘剂和剥除的绝缘物以及其他杂物遗留在电缆沟道或洞内，所有的电缆洞口应畅通无阻，不得堆放建筑材料或其他物件，以免妨碍出入。

六、电缆穿越楼板、竖井及墙壁等孔洞时的注意事项

为了预防电缆火灾事故，必须把穿越楼板、墙壁的电缆孔洞进行严密封闭，这项措施要认真贯彻落实。许多单位结合实际情况，积极采取对策，做出成效，积累了经验。封闭电缆孔洞的方法如下。

1. 封闭法

凡是穿越楼板进入控制室、开关柜及仪表盘的电缆孔洞大都呈长方形，孔洞形状比较规则。封闭这类长方形孔洞，要用 3~5cm 厚的防火隔板，依照孔洞尺寸，加工成长方形平板；切割出电缆穿越的孔洞，并多留出 5cm 的空隙（以备日后穿线），安放在孔洞内；为了防止隔板由孔洞中脱落，需预先用两根小扁铁弯成弓形，嵌在孔洞内，作为平板的支撑架；支架和防火隔板安放好后，在隔板上面用高耐火泥等将其封闭严密，预留孔洞用防火堵料填充满，要求与楼板相平为佳。这种方法具有严密、平整等优点，并便于施工和拆换。对于一些不规则的孔洞，可根据实际情况采取相应方法进行封闭。

2. 堵塞法

电缆穿越墙壁、楼板等处若使用了金属穿管，为防止发生事故时火焰和有害气体通过穿管蔓延扩散，应将管口用防火堵料封死。此外，在电缆沟道中应用砖头砌起夹层，中间填沙子将其封堵严密，但是，应注意勿使电缆受到损伤。

七、电缆发生火灾时的扑救

电缆着火应采取下列方法进行扑救：

（1）电缆着火燃烧，不论何种情况，应立即切断电源；根据起火电缆所经过的路线和特征认真检查，找出起火电缆的故障点；同时应迅速组织人员进行扑救，并迅速向公安消防部门报警。

（2）当敷设在沟中的电缆发生火灾时，如果与其并排敷设的电缆有明显的燃烧可能时，也应将这些电缆的电源迅速切断。电缆若是分层排列，则应先把起火电缆上面的受热电缆切断，然后把和起火电缆并排的电缆切断，最后把起火电缆下面的电缆切断。

（3）在电缆起火时，为了避免空气流通，以利于迅速灭火，应将电缆沟的隔离大门关闭或将两端堵死，采用窒息方法进行扑救。这对电缆间隔小且电缆

布置稠密的电缆沟颇为有效。

（4）进行扑救电缆沟道中其他类似地方的电缆火灾时，扑救人员应尽可能戴上正压型空气呼吸器及绝缘手套，并穿上绝缘靴。为预防高压电缆导电部分接地产生跨步电压，扑救人员如在室内，不得走近故障点 4～5m 以内；如在室外，不得走近故障点 8～10m 以内。

（5）扑救电缆火灾，应采用手提式干粉灭火器、1211 灭火器进行扑救，也可使用干燥黄土和干燥沙进行覆盖。如果用水灭火，使用喷雾水枪十分有效。若事故地点在电缆沟内且火势猛烈，不可能采用有效方法扑灭时，则可在切断电源后向电缆沟内灌水，将故障点用水封住，火即自行熄灭。

（6）在扑救电缆火灾时，禁止用手直接接触电缆钢甲，也不准移动电缆。

第三节　雷电火灾预防措施

一、雷电火灾的概念

由于雷电放电而出现的各种物理效应所造成的火灾称为雷电火灾。主要是电效应，即雷电放电时，能产生数万伏甚至数十万伏的冲击电压，足以摧毁电力系统中的电气线路和电气设备，引起绝缘击穿而发生短路、造成火灾。

二、雷电火灾的预防措施

预防雷电火灾一般是在建（构）筑物上安装避雷装置，避雷装置由接闪器、引线和接地极三个部分组成。避雷装置就其本质而言，不是避雷，而是把雷电引向本身，承受雷击时把雷电流导入大地，从而使保护对象免遭雷击之害。因此，避雷装置的设计和安装必须正确，对安装使用的避雷装置要加强检查和管理。

避雷装置的主要检查内容如下：

（1）是否存在由于维修建（构）筑物或建筑物变形而影响了避雷装置的有效性。

（2）各处明装的导体有无因锈蚀或机械损伤而折断。如发现断裂或锈蚀在 30％以上，则需更换。

（3）接闪器有无因接受雷击而发生熔化或折断，避雷器瓷套有无裂纹、碰伤等。

（4）引导线在距地面 0.3～2m 处的保护处理有无损坏。

（5）引线有无验收后又装设了交叉或平行的其他电气线路。

（6）断接卡子有无接触不良情况。

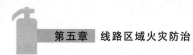

（7）接地装置周围的土壤有无沉陷现象，有无因挖土或敷设其他管道或植树时而挖断接地装置的情况。测量接地的接地电阻，如发现接地电阻值有很大变化，应对接地系统进行全面检查。

（8）避雷器每年均应在雷雨季节到来之前完成试验。

第六章

基建现场火灾防治

第一节　基建现场的火灾特点

　　基建现场，顾名思义，属于在建的、未完工的建筑现场。所以，基建现场的火灾危险性与一般居民住宅、厂矿、企事业单位的有所不同。由于尚未完工，尚处于施工期间，正式的消防设施，诸如消火栓系统、自动喷水灭火系统、火灾自动报警系统均未投入使用，且基建现场内有众多现场施工人员，存有大量施工材料，都在一定程度上增加了基建现场的火灾危险性。基建现场火灾的特点不同于厂、矿建筑和民用建筑，它涉及面广、情况复杂，主要如下：

　　（1）基建现场易燃建筑物多。工棚、仓库、办公用房、食堂多是临时性建筑，而且场地面积狭小，多是棚屋相连，缺乏必要的防火间距，一旦失火，容易蔓延成灾。

　　（2）施工现场易燃、可燃材料多。在基建现场内，到处存放着油毡、油漆、木料、草袋等可燃物品。而且施工期间用火多，电焊、喷灯、锅炉等用火作业极易引燃各种可燃材料造成火灾。

　　（3）施工工地临时线路多。随着现代化建筑技术的不断发展，以墙体、楼板为中心的预制设计标准化、构件生产工厂化和施工现场机械化得到了普遍采用，施工现场的电焊、对焊机以及大型机械设备增多，再加上施工人员大多吃、住在施工现场，这些使施工场地的用电量大增，常常会造成过负荷用电。另外，因为是临耐用电，一些施工现场用电系统没有经过正规的设计，甚至违反规定任意敷设电气线路，常常导致电气线路因接触不良、短路、过负荷、漏电、打火等引发火灾。

　　（4）施工现场缺少消防水源，消防车车道有时受堵，发生火灾时消防车难以接近起火部位，妨碍灭火工作的进行。

　　（5）隔音、保温材料用量大。目前，大型工程中保温、隔音及空调系统等工程使用保温材料的地方越来越多，保温材料的种类繁多，然而在隔声保温效果较好的聚氨酯泡沫材料成为几次影响较大的火灾事故"元凶"后，工程上转而寻找更佳的耐火替代产品，如橡塑板、玻璃棉、岩棉、复合硅酸盐等。目前，市场上最具代表性的就是橡塑保湿材料，它以丁腈橡胶、聚氯乙烯为主要原料，虽然具有一定的耐火性，但是"难燃"终会不可避免地在一定条件下变为"可燃"。

（6）施工临时员工多，流动性强，素质参差不齐。由于建筑施工的工艺特点，各工序之间往往相互交叉、流水作业。一方面，施工人员常处于分散、流动状态，各作业工种之间相互交接，容易遗留火灾隐患；另一方面，施工现场外来人员较多，施工人员的素质参差不齐，经常出入工地，不能正确操作电气设备，乱动机械、乱丢烟头等现象时有发生，给施工现场安全管理带来不便，往往会因遗留的火种未被及时发现而酿成火灾。

第二节　基建现场的火灾原因

1. 焊接、切割

电焊、普通切割等产生的高温焊渣、火星是引发火灾的"元凶"。焊工在施工过程中稍有不慎，便会引燃周围的可燃物，造成灾难。电焊引发火灾主要有以下几点原因：

（1）金属火花飞溅引燃周围可燃物。

（2）产生的高温因热传导引燃其他房间或部位的可燃物。

（3）焊接导线与电焊机、焊钳连接接头处理不当，松动打火。

（4）焊接导线（焊把线）选择不当，截面过小，使用过程中超负荷，使绝缘损坏，造成短路打火。

（5）焊接导线受压、磨损造成短路，或铺设不当、接触高温物体或打卷使用造成涡流、过热，失去绝缘，短路打火。

（6）电焊回路线（搭铁线或接零线）使用、铺设不当或乱搭乱接，在焊接作业时产生电火花或接头过热，引燃易燃物、可燃物。

（7）电焊回路线与电器设备或电网零线相连，电焊时大电流通过，将保护零线或电网零线烧断。

2. 电器、电路

在施工现场，大功率电器的使用、生活区内私拉乱接导致电线出现短路故障，从而引发火灾的也不在少数。

漏电电流的热效应是引起火灾的"元凶"，漏电电流的电阻性发热和击穿性电弧作用常常会引燃其作用点处的可燃物，造成火灾。施工现场漏电的原因主要是电器安装不当、电气设备装备不当、线路缺乏维修保养而使绝缘老化，或长期受到雨水、腐蚀气体的侵蚀、机械损伤等。

3. 用火不慎、遗留火种

施工人员的生活设施如烹饪、取暖、照明设备等使用不慎，或因吸烟乱丢烟头引燃周围可燃物起火，从而引发火灾。

第三节　基建现场的防火措施

（1）工程施工现场的消防安全由施工单位负责，实行施工总承包的，由总承包单位负责，分包单位向总承包单位负责，服从总承包单位对施工现场的消防安全管理。

（2）施工单位要确定一名施工现场的行政领导为防火负责人，全面负责施工现场的消防安全工作。

（3）针对建筑施工中的火险特点，应该加强日常的消防管理工作。在进行施工组织时，就应对施工现场进行合理规划，划分明确的用火区，对易燃、可燃材料集中堆放和管理，并建立各项安全规章制度，购置消防器材，设置消防水源等。

（4）施工现场应设有消防通道，保障消防车辆在任何情况下都能通行顺畅。夜间应有照明设备。各种临时性电气线路应集中布线，设置剩余电流动作保护器（漏电保护开关）。对于临时性工棚、食堂、宿舍的搭建，要符合防火要求，保持一定的防火间距。

（5）对施工人员应进行安全教育，对使用电气设备的人员进行专门培训，使其能正确操作设备。

（6）特种作业人员应执行持证上岗的规定。

（7）存放炸药、雷管等必须得到当地公安部门的许可，并分别存放在专用仓库内，指派专人负责保管，严格领、退料制度。

（8）氧气、乙炔、汽油等危险品仓库应有避雷及防雷电接地设施，屋面应采用轻型结构，并设置气窗及底窗，门、窗应向外开启。

（9）闪点在 45℃ 以下的桶装易燃液体不得露天存放。必须少量存放时，在炎热季节中应严防曝晒并采取降温措施。

第四节　施工消防安全管理

根据《中华人民共和国建筑法》《中华人民共和国消防法》《建设工程安全生产管理条例》、公安部的《机关、团体、企业、事业单位消防安全管理规定》以及一些地方法规、规章、规定的要求，施工现场的消防安全管理应由施工单位负责。

施工现场实行施工总承包的，现场消防安全管理由总承包单位负责。总承包单位应对施工现场防火实施统一管理，并对施工现场总平面布局、现场防火、临时消防设施、防火管理等进行总体规划、统筹安排，确保施工现场防火管理落到实处。分包单位应向总承包单位负责，并应服从总承包单位的管理，同时应承担国家法律、法规规定的消防责任和义务。监理单位应对施工现场的消防安全管理实施监理。

施工单位应根据建设项目规模、现场消防安全管理的重点在施工现场建立消防安全管理组织机构及义务消防组织，并应确定消防安全负责人和消防安全管理人，同时应落实相关人员的消防安全管理责任。

施工过程中，施工现场的消防安全负责人应定期组织消防安全管理人员对施工现场的消防安全进行检查。消防安全检查应包括下列主要内容：

（1）可燃物及易燃易爆危险品的管理是否落实。

（2）动火作业的防火措施是否落实。

（3）用火、用电、用气是否存在违章操作，电焊、气焊及保温防水施工是否执行操作规程。

（4）临时消防设施是否完好有效。

（5）临时消防车通道及临时疏散设施是否畅通。

一、可燃物及易燃易爆危险品管理

在建工程所用保温、防水、装饰、防火、防腐材料的燃烧性能等级、耐火极限符合设计要求，既是满足建设工程施工质量验收标准的要求，也是减少施工现场火灾风险的基本条件。

可燃材料及易燃易爆危险品应按计划限量进场。进场后，可燃材料宜存放于库房内，如露天存放，应分类成垛堆放，垛高不应超过 2m，单垛体积不应超过 $50m^3$，垛与垛之间的最小间距不应小于 2m，且应采用不燃或难燃材料覆盖；易燃易爆危险品应分类专库储存，库房内通风要良好，并设置禁火标志。

室内使用油漆及其有机溶剂、乙二胺、冷底子油或其他可燃、易燃易爆危险品的物资进行作业时，这些易燃易爆危险品如果在空气中达到一定浓度，极易遇明火发生爆炸。因此，应保持良好通风，作业场所严禁明火，并应避免产生静电。

应及时清理施工产生的可燃、易燃建筑垃圾或余料。

二、用火、用电、用气管理

(一) 用火管理

1. 动火作业管理

动火作业是指在施工现场进行明火、爆破、焊接、气割或采用酒精炉、煤油炉、喷灯、砂轮、电钻等工具进行可能产生火焰、火花和炽热表面的临时性作业。

从统计数据发现，大量的施工现场火灾均是由于动火作业引起的，其原因是施工现场动火作业多，动火管理缺失和动火作业不慎，从而引燃动火点周边的易燃物、可燃物。为保证动火作业安全，施工现场动火作业应符合下列要求：

（1）施工现场动火作业前，应由动火作业人提出动火作业申请。动火作业申请至少应包含动火作业的人员、内容、部位或场所、时间、作业环境及灭火救援措施等内容。

（2）《动火许可证》的签发人收到动火申请后，应前往现场查验并确认动火作业的防火措施落实情况，确认无误方可签发《动火许可证》。

（3）动火操作人员应按照相关规定取得相应资格，并持证上岗作业。

（4）焊接、切割、烘烤或加热等动火作业前，应对作业现场的可燃物进行清理。作业现场及其附近无法移走的可燃物，应采用不燃材料对其覆盖或隔离。

（5）施工作业安排时，宜将动火作业安排在使用可燃建筑材料的施工作业前进行。确需在使用可燃建筑材料的施工作业之后进行动火作业的，应采取可靠的防火措施。

（6）严禁在裸露的可燃材料上直接进行动火作业。

（7）焊接、切割、烘烤或加热等动火作业应配备灭火器材，并设动火监护人进行现场监护，每个动火作业点均应设置一个监护人。

（8）五级（含五级）以上风力时，应停止焊接、切割等室外动火作业。

（9）动火作业后，应对现场进行检查，确认无火灾危险后，动火操作人员方可离开。

2. 其他用火管理

（1）施工现场存放和使用易燃易爆物品的场所（如油漆间、液化气间等）严禁明火。

（2）冬季风干物燥，施工现场采用明火取暖极易引起火灾，因此施工现场不应采用明火取暖。

（3）厨房操作间炉灶使用完毕后，应将炉火熄灭，排油烟机及油烟管道应定期清理油垢。

（二）用电管理

施工现场常因电气线路短路、过载、接触电阻过大、漏电，或现场长时间使用高热灯具，且高热灯具距可燃物、易燃物距离过小或室内散热条件太差，烤燃附近可燃物、易燃物等发生火灾。为保证施工现场消防安全，避免因上述用电原因引发施工现场火灾，施工现场用电应符合下列要求：

（1）施工现场的发电、变电、输电、配电、用电的设备、电器、线路及相应的保护装置等供用电设施，其设计、施工、运行、维护应符合现行国家标准《建设工程施工现场供用电安全规范》（GB 50194—2014）的要求。

（2）电气线路应具有相应的绝缘强度和机械强度，严禁使用绝缘老化或失去绝缘性能的电气线路，严禁在电气线路上悬挂物品。破损、烧焦的插座、插头应及时更换。

（3）电气设备特别是易产生高热的设备应与可燃物、易燃易爆危险品和腐蚀性物品保持一定的安全距离。

（4）有爆炸和火灾危险的场所，按危险场所等级选用相应的电气设备。

（5）配电屏上每个电气回路应设置漏电保护器、过载保护器，距配电屏2m范围内不应堆放可燃物，5m范围内不应设置可能产生较多易燃、易爆气体、粉尘的作业区。

（6）可燃材料库房不应使用高热灯具，易燃易爆危险品库房内应使用防爆灯具。

（7）普通灯具与易燃物的距离不宜小于300mm；聚光灯、碘钨灯等高热灯具与易燃物距离不宜小于500mm。

（8）电气设备不应超负荷运行或带故障使用。

三、用气管理

施工现场常用的瓶装氧气、乙炔、液化气等气体，一旦贮装气体的气瓶及其附件不合格或违规贮装、运输、储存、使用气体，将极易导致火灾、爆炸等危害。因此，施工现场用气应符合下列要求：

（1）储装气体的罐瓶及其附件应合格、完好和有效；严禁使用减压器及其他附件缺损的氧气瓶。

（2）气瓶运输、存放、使用时应符合有关规定。

1）气瓶应保持直立状态，并采取防倾倒措施，乙炔瓶严禁横躺卧放。

2）严禁碰撞、敲打、抛掷、滚动气瓶。

3）气瓶应远离火源，距火源距离不应小于10m，并应采取避免高温和防止暴晒的措施。

4）燃气储装瓶罐应设置防静电装置。

（3）气瓶应分类储存，库房内通风要良好；空瓶和实瓶同库存放时，应分开放置且两者间距不应小于 1.5m。

（4）气瓶使用时应符合相关规定。

1）使用前，应检查气瓶及气瓶附件的完好性，检查连接气路的气密性，并采取避免气体泄漏的措施，严禁使用已老化的橡胶气管。

2）氧气瓶与乙炔瓶的工作间距不应小于 5m，气瓶与明火作业前的距离不应小于 10m。

3）冬季使用气瓶，如气瓶的瓶阀、减压器等发生冻结，严禁用火烘烤或用铁器敲击瓶阀，禁止猛拧减压器的调节螺栓。

4）氧气瓶内剩余气体的压力不应小于 0.1MPa。

5）气瓶用后，应及时归库。

四、其他施工管理

施工现场要设置防火标志，同时还要做好临时消防设施的维护管理。

1. 设置防火标志

施工现场的临时发电机房、变配电房、易燃易爆危险品存放库房和使用场所、可燃材料堆场及其加工场、宿舍等重点防火部位或区域，应在醒目位置设置防火警示标志。施工现场严禁吸烟，并应设置禁烟标志。

2. 做好临时消防设施维护

（1）施工现场的临时消防设施受外部环境、交叉作业影响，易失效、损坏或丢失，施工单位应做好施工现场临时消防设施的日常维护工作，对已失效、损坏或丢失的消防设施，应及时更换、修复或补充。

（2）临时消防车通道、临时疏散通道、安全出口应保持畅通，不得遮挡、挪动疏散指示标志，不得挪用消防设施。

（3）施工现场尚未完工前，临时消防设施及临时疏散设施不应拆除，并应确保其能有效使用。现场供用电设施的改装应经具有相应资质的电气工程师批准，并由具有相应资质的电工实施，禁止私自改装现场供用电设施。

（4）应定期对电气设备和线路的运行及维护情况进行检查。

第七章

其 他 区 域 火 灾 防 治

第一节　办公楼防火措施

（1）认真落实《中华人民共和国消防法》第十四条规定及公安部《机关、团体、企业、事业单位消防安全管理规定》中的各项职责及要求。

（2）机关工作人员、来往办事人员注意吸烟防火安全，严禁乱扔烟头，下班要检查办公室是否遗留火种，用过的电气设备电源是否切断。

（3）办公区内严禁存放易燃易爆物品，如汽油、酒精、雷管、烟花爆竹等。

（4）严禁使用大功率电热器具如电炉、电热器等。

（5）维修管道使用明火，要严格执行动火工作票制度。

（6）严禁在楼层垃圾井口焚烧废纸杂物，应倾倒在规定的安全地点。

（7）办公室遇到停电，点蜡烛照明，严禁将蜡烛栽到纸箱、木桌、电视机壳上，要栽到铁盘或瓷盘内。

（8）单位值班人员要认真履行各项职责，做到发现问题及早报告，迅速解决。

第二节　汽车库（地下停车场）防火措施

根据汽车库发生火灾的教训，应做好以下几个方面的防火工作：

（1）在建设地下停车场时，设计中应考虑设置火灾自动报警系统和自动灭火系统。

（2）汽车库、地下停车场内应悬挂明显的"严禁烟火"标志牌。

（3）汽车库和地下停车场内不准存放桶装汽油、柴油，货车载有桶装汽油、柴油均不得进入库、场。

（4）在汽车库内任何人不得向油箱加油或从油箱内吸取汽油。

（5）汽车库、地下停车场内严禁吸烟，特别要防止驾驶员和司乘人员在驾驶室或车厢内休息时吸烟，防止留下火种，或将火种带进库、场内。

（6）汽车库和地下停车场内擦车时使用过的油棉纱、油抹布应存放在金属容器里，并定期处理。

（7）汽车进库和地下停车场以后，驾驶员应对车上的电源进行检查，在确认完全切断后才能离开。

（8）停在汽车库或地下停车场的车辆，一旦发现有漏油现象，要立即离开汽车库，相关人员要及时清理跑漏的油污。

（9）汽车库、地下停车场内要根据有关规定配备相应的灭火器材。

第三节　仓库防火措施

一、仓库防火概述

仓库是国家和集体、单位物资财产集中的场所，一旦发生火灾，极易造成严重损失。近年来，我国的一些特大火灾多数发生在仓库。仓库火灾通常燃烧猛烈，蔓延迅速，主要原因如下：

（1）由于仓库可燃物质多、跨度大、空气供给充足，发生火灾后，燃烧发展较快，特别是仓库房盖烧穿或打开库房门窗时，燃烧强度会急剧增大，火势蔓延更加迅速，库房在较短时间里即可能发生倒塌，在风的作用下，燃烧更加猛烈，还往往出现大量飞火，造成多处起火。

（2）可燃物资堆垛、货架发生火灾时，火焰能沿堆垛和货架的表面向堆垛和货架的缝隙发展。

库房内发生的火灾，能产生大量烟雾和有毒气体，造成人员伤亡。如储存有农药、化工、爆炸危险品的仓库发生火灾，不仅产生大量的有毒气休，而且还有可能发生爆炸，威胁人员和建筑物的安全。

因此，对仓库的防火防爆工作必须高度重视，严格要求，加强管理。

二、仓库防火的具体要求

凡有仓库的单位都应列入消防安全保卫的重点，如何做好仓库防火工作，除应全面贯彻落实《仓库防火安全管理规则》外，还应着重落实好仓库防火的具体要求。

（1）仓库管理人员必须具有强烈的责任心，同时要有一定的消防知识；要积极参加义务消防队组织的业务学习和灭火演练，不断提高自己的业务素质和处置事故的能力。

（2）物品要严格按照要求分类、分垛储存，确保"五距"落实。要特别注意：①性质互相抵触、灭火方法不同的物品必须分库储存；②能自燃的物品和化学易燃物品应储存在温度较低、通风良好场所；③遇水易发生燃烧和爆炸的物品不准露天存放和受潮；④闪点在45℃以下的桶装易燃液体在炎热季节必须采取降温措施。

（3）库房内严禁使用明火，如进库干活严禁吸烟，打扫库内卫生的杂物时严禁在库内动火焚烧，严防小孩进入库内玩火。

（4）库房内不宜安装电气设备，如工作十分需要，灯泡功率不应超过60W，电闸要安装在库外，存放易燃物品的库内电线要穿管。

（5）加强消防基础建设。库区要设醒目的严禁烟火标志，张贴防火安全制度，应添置各种防火灭火的先进设备，如库区安装避雷设施、火灾自动报警装置等。

（6）库房内严禁使用明火，不准使用火炉取暖，进入甲类、乙类物品库区的人员，必须登记，并交出携带的火种。

（7）汽车、拖拉机进入库区，必须安上防火罩，减速行驶，排气管的一侧不准靠近可燃物。

（8）库区以及周围50m内严禁燃放烟花爆竹。

（9）库管人员下班时要坚持做好：①把当班的可燃杂物、包装皮清理到安全地点；②查看是否有遗留火种并切断电源；③关窗锁门后离开。

三、仓库堆货留"五距"

要把仓库保管好，"五距"很重要。"五距"就是指在仓库里除了保持重要的通道外，还要注意垛距、墙距、梁距、柱距、灯距。

（1）垛距是指货垛与货垛之间的距离。仓库储存管理规定垛与垛间距不小于1m，使垛与垛之间间隔清楚，防止了混淆；便于通风检查；一旦发生火灾，便于抢救疏散物资。

（2）墙距是指墙壁与货垛之间的距离。仓库储存管理规定垛与墙间距不小于0.5m。墙距的作用主要是便于防火检查，一旦发生火灾，可供消防人员进退出入。

（3）梁距是指货垛与梁的间距。仓库储存管理规定垛与梁间距不小于0.3m。其作用是一旦发生火灾，便于消防人员进行灭火抢救工作。

（4）柱距是指货堆与屋柱之间的距离。仓库储存管理规定垛与柱间距不小于0.3m。柱距的作用是防止柱子散发潮气使货物受潮；保护柱脚，以免损坏建筑物。

（5）灯距是指仓库内固定的照明灯与储存物品的水平间距。仓库储存管理规定照明灯下方与储存物品的垂直间距不得小于0.5m。灯距的作用是防止照明灯接近货物着火。

第八章

职工家庭火灾防范

随着改革开放政策不断深入，经济建设持续增长，居民家庭的生活幸福指数不断提高，人们的生活方式和消费观念在大幅转变。家庭居民追求舒适、豪华，都要不同程度进行装修装饰，大量可燃合成木材、塑料、化纤、油漆等有机材料涌入家庭；生活使用的各种炉灶也趋于多样化，使用煤气、天然气、液化气、电器的人家越来越多，逐步走向气体化、电气化；同时五花八门的家庭电器设备大量应用，这些因素都增加了居民家庭的火灾危险性。如果居民家庭在生活用火、用电、用气、用油中不懂消防知识，稍有不慎，就会发生居民家庭火灾。近年来，全社会居民家庭火灾上升幅度较快，电器是引发火灾首因，用火不慎引起的次之。从起火原因看，因家庭电气引发的火灾造成的人员伤亡、财产损失大量增加，必须唤醒广大居民家庭重视做好消防安全工作，这是社会发展的需要。

第一节　国外家庭防火先进经验

一、英国

英国是世界上消防行业发展最早的国家之一，也是消防法律法规最健全的国家之一。然而在 1987 年，伦敦国王十字地铁站等地发生了数起大火，这从反面教育了英国朝野上下，也大大增强了公民的防火意识。同时，对改变住宅火灾烟雾报警装置市场的经营状况起到了促进作用，甚至安装火灾烟雾报警装置成了房产经销者推销新住宅的基本内容之一。随着家庭装修材料升级和"电气化"程度提高，家庭火灾发生的频率越来越高。此类火灾一旦发生，很容易出现扑救不及时、灭火器材缺乏及在场人员惊慌失措、逃生迟缓等现象，最终导致重大生命财产损失。为了发现住宅火灾并及时采取有效措施，保障居民的生命财产安全，世界各国都有一套家庭防火经。近些年，英国消防安全产品市场上出现了一种新型的交直流双配套电源供电住宅火灾烟雾报警器，具有安全保障系数高及节约经济开支等优越性。英国内务部电视宣传的目标是：继续深入开展社会宣传，大力发动民众安装住宅火灾烟雾报警装置，直到国内城乡居民住户全部普及使用为止。

二、美国

美国每年约有 4 万起家庭火灾发生。据美国消防协会估计，每个家庭成员在一生中至少会遇到两次严重火灾。于是美国对家庭中容易发生火灾的地方采取了颇具特色的防火措施，并收到了显著效果。

（1）安装火灾自动报警器。美国预防家庭火灾最有效的办法是在家庭中安装小型火灾自动报警器和自动喷淋灭火器，使用煤气的家庭还得安装煤气漏气报警器。据统计，在城市居民中，大约有 75% 的家庭备有火灾自动报警器、自动灭火器和煤气漏气报警器。

（2）采用耐火建筑材料。美国有关部门规定，建筑屋顶必须采用混凝土板、薄铁板、砖瓦等耐火性能好的材料建造；在有热源的地方，1m 之内不应存放易燃物。除此，应定期打扫烟囱，使其保持畅通；确保门厅、每层楼的房间和卧室过道、楼梯的畅通并装上烟雾报警器，以便在火灾发生时逃生；有条件的家庭要在墙壁和天花板中安装自动热敏喷水系统；要将院子外的门牌号码写好、挂牢，以便发生火灾时消防队快速找到；在院子里举行烧烤野餐或篝火晚会时，尽量远离建筑物；推广阻燃的衣料和被褥。美国法律明文规定，老人和孩子穿的衣服以及他们所使用的被褥、床上用品等都必须用阻燃织物制作。消防当局还经常向民众宣传防火常识和逃生要领，告诫人们万一发生火灾，千万不要顾及家用珍藏，及时逃生最为重要。

三、德国

德国每年约有 600 人死于住宅火灾，受伤者更多。据调查，3/4 的死亡者不是直接被火烧死的，而是吸入火灾中的烟和有毒气体导致死亡的。由于绝大部分住宅火灾都是在深夜人们熟睡时突然发生的，此类火灾来势迅猛，扩散迅速，发生 30s 后便难以控制，最终焚毁财物、造成人身伤害。尽管住宅火灾如此危险，但居民大多认识不够。消防部门对 2000 户居民进行调查，结果显示：超一半的住户依靠邻里报警；约 1/4 的住户依靠自养动物报警；还有一部分居民依赖消防队救人灭火。当消防人员询问居民住宅为何不安装火灾报警器时，1/3 的居民说家中无人抽烟，不必安装火灾报警器。面对居民对住宅防火的轻视，德国消防协会督促各级消防部门派防火专家和消防人员向居民宣传住宅防火的重要性、必要性。同时协同法律和保险部门，由家庭财产保险部门出资，为每幢居民住宅强制安装烟火报警器。随着这项措施的展开，住宅火灾明显减少。据考证，卧室的 4 个墙角是安装火灾报警器的最佳位置。

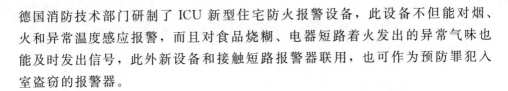

德国消防技术部门研制了 ICU 新型住宅防火报警设备，此设备不但能对烟、火和异常温度感应报警，而且对食品烧糊、电器短路着火发出的异常气味也能及时发出信号，此外新设备和接触短路报警器联用，也可作为预防罪犯入室盗窃的报警器。

四、日本

日本的家庭火灾多因炉具引起。其中主要是燃气炉、油炉、电炉等。近些年，日本市场出现了大量的油炸食品原料，人们买回家用油炸一下即可食用，但炸制食品的动植物油很容易引起火灾。其次，由电气设施故障、吸烟、焚烧物品、小孩玩火等引起的火灾也时有发生。据统计，发生在日本一般家庭住宅中的火灾每年约为 2 万起，占总火灾次数的 32% 左右。因此，日本政府采取多项措施，以防止家庭火灾发生。

（1）制定家庭防火"七不准"。其内容是：睡觉时不准吸烟或扔烟头；儿童不准玩火柴、打火机、点火器；大风天不准焚烧物品；做饭特别是油炸食品时不准离人；房舍周围不准堆放易燃物；炉具附近不准放易燃物；不准空烧不加水的锅、壶等。

（2）组建妇女消防俱乐部。日本的每条街道都建有妇女消防俱乐部，在这里家庭妇女可以学到防火知识和扑灭初起火灾的本领。这样一旦发生家庭火灾，主妇们就能果断采取措施灭火，成为家庭中的防火骨干。

（3）组织检查家庭用电设施。在日本，家电已达到相当高的普及程度，且种类繁多，而电器火灾也时有发生。因此政府除强调要正确安装使用电器外，消防部门还组织街道、电气事业单位对家庭中的布线及连接设备的软线进行检查，发现已经老化而失去绝缘性能的、安装不当的，予以更换或重新按规程安装，以保证家庭的用电安全。

（4）推广与普及家用防火装置。日本消防部门采用多种措施，在家庭中推广和普及煤气泄漏报警器，一些新建的居民住宅在施工时就安装煤气报警器，成本摊在施工费用中，不需居住者购买。对其他住户则推广一种价格低、性能好的简易小型煤气报警器、简易火灾报警器及家用灭火器等。

（5）向家庭不燃化方向发展。日本已有一些具有防火性能的制品进入家庭中，其中包括窗帘、被褥、垫子、家具等。并不是要求都配备，而是根据需要和可能，有针对性地配备。对独居无人照顾的老年人，尽量采用上述防火制品，甚至连他们穿的睡衣都要考虑不燃化，以减少或避免因火灾带来的伤亡。

第二节 家庭火灾原因探究与应对

一、家庭为什么容易发生火灾

消防工作是研究火的一门学科，而火是人们在生产、生活等各个领域普遍应用的自然力，涉及各行各业、千家万户，乃至每一个家庭和个人，所以消防工作是社会性、群众性很强的一项工作。随着经济建设的飞速发展，人们生活水平不断提高，家庭建设也逐步向现代化方面发展，家庭发生火灾的实例表明，现代家庭比过去容易发生火灾，其原因是多方面的。从物质燃烧原理看，物质燃烧必须具备三个条件：①要有可燃物；②要有助燃物；③要有着火源。现代家庭都具备这三个条件，如：

（1）使用可燃材料装潢，如木材、三合板、五合板、宝力板、壁纸、石蜡等。

（2）使用易燃物，如汽油、酒精、稀料等。

（3）使用可燃性塑料制品，如塑料地板革、塑料饭桌、塑料茶几、塑料板凳贴面、电视机、洗衣机、电冰箱、塑料门窗、器皿等。

（4）使用可燃性泡沫材料，如沙发、床垫、门套、防寒衣使用的蓬松棉、太空棉等。

（5）使用其他可燃材料，如棉花、化纤、麻、毛、线等；另外还有被罩、床罩、窗帘、沙发套、衣服等。

（6）使用炉灶，如炭火炉、酒精炉，特别是城镇实行燃料气体化，普遍使用煤气炉、液化气炉，这种炉灶操作管理稍有不当，即容易发生火灾，着火时是立体燃烧，具有蔓延快、传播面积大的特点，火灾危险性更大。

（7）使用家电设备增加，如电脑、电视机、电冰箱、排油烟机、洗衣机、电风扇、收录机、组合音响、电褥子、电熨斗、电饭锅、电热杯、吸顶灯、吊灯、壁灯、台灯、装饰灯等，用电量加大。

（8）有些家庭还配备了摩托车、轻骑、汽车，随之储存汽油也引进了家庭。

（9）家庭住房面积增大，门窗增多，空气更加对流，氧气充足。

以上这些情况，是现代家庭建设发展的变化。现代家庭的变化，决定了现代家庭消防工作越来越繁重。

二、家庭发生火灾的原因

居民家庭火灾的发生，万贯家产毁于一旦的有之，烧死烧伤家庭成员及小孩的亦有之，教训极其惨痛，令人深思。居民家庭发生火灾的主要原因如下：

（1）煤气、液化气使用不当引起火灾。目前，城乡居民使用煤气、液化气的已不是少数，由于不懂或不按操作要求使用这些灶具，或由于使用不当，或因这些灶具发生故障后居民仍继续使用，最终引起火灾。

（2）电器火灾。现今的家庭大都有多种家用电器，如计算机、电视机、洗衣机、电冰箱、电饭锅、电风扇、录音机等。由于用户不懂用电常识，往往对线路的破损漏电视而不见，有时一个插座上同时使用多件电器，易造成电线短路和过负荷，极易发生火灾。

（3）吸烟酿成火灾。有人在室内吸烟时，将烟头随便乱扔，由于室内的可燃物多，若不能及时发现，就有可能起火。

（4）小孩玩火引起火灾。小孩常把玩火作为一种乐趣，如果家长不保管好火种（打火机、火柴等），小孩玩火极易引发火灾。

三、家庭平时如何做好防火工作

（1）室内装修装饰材料应尽量使用难燃、阻燃产品，减少使用易燃、可燃材料。

（2）对家中使用的电器设备、燃气用具要经常查看，如有老化、损坏应及时维修，使用完电器设备、燃气用具，要随手切断电源或气源。

（3）时刻保持楼梯、走道畅通，严禁在楼梯、走道上堆放杂物。

（4）家中尽可能少用临时电线，发生电线老化要及时更换。楼道电闸箱内的熔断器不要用铜丝、铁丝代替熔丝。

（5）正确使用家中多用插座，多用是指能满足不同插头的使用，但不是同一时间，不要超负荷随意多插连接用电设备。

（6）家中过年、过节、婚庆、搬家时燃放烟花爆竹不要在楼道里、楼梯口、阳台上燃放，以免带火炮屑接触可燃物。

（7）家中存放的汽油、酒精、香蕉水等易燃易爆物品不可超过 0.5L。家中存放的樟脑丸、摩丝、杀虫剂、花露水是易燃物，应尽量放置在高处，避免接触火源。

（8）家中成员的吸烟者要注意吸烟防火，不要随意乱扔烟头，把吸剩的烟头放在烟灰缸或踩灭，特别是在酒后不要躺着吸烟和睡在床上吸烟。

（9）晚上下班回到家，进门后如闻到烟雾味道、煤气味、天然气臭味，应打开门窗通风，稀释房间内空气中一氧化碳的含量，千万不要先开灯或动用明火。

（10）使用蚊香应注意防火。点燃的蚊香应固定在不燃的器皿上，切忌把点燃的蚊香直接放在木质材料制品、纸箱等可燃物上。点燃的蚊香不要靠近窗帘、蚊帐、衣物床铺等可燃物，如果外出一定要把蚊香熄灭，以免留下后患。

（11）停电后应注意的问题。家庭使用蜡烛等应急照明时，应将蜡烛放在非燃烧物体上，要远离窗帘、纸箱等可燃物，同时必须有人看管，做到人离开或睡觉时将蜡烛熄灭；要将用过的电熨斗、电吹风、电热毯等电热器具的电源插头拔掉，防止来电时这些电器烤燃周围可燃物。

（12）防止电视机引起火灾。电视机要放在通风散热良好处，看完电视机后要切断电源，收看电视时间不宜过长，雷雨天尽量少看电视，不要使用室外天线。

四、家庭装修装饰防火措施

随着人们生活水平不断提高，人们买了新房子或旧房改造时，都要装修装饰，装修资金的投入越来越大，有的甚至超前消费，将居室装修得富丽堂皇、清新怡人。然而，由于居民对消防意识淡薄，装修装饰时采用了大量的易燃、可燃材料，如木材、胶合板、油漆、塑料、聚氨酯泡沫、化纤织物等，无形中增加了城镇居民家庭的火灾危险性。

家庭内部装修装饰与火灾的关系表现在以下方面：

（1）它能提供可燃物，从而提高燃烧强度。

（2）火焰在装饰物表面蔓延会助长灾情的扩张。

（3）它能助长火势和加快轰燃的速度。

（4）它能产生烟雾和有毒气体，造成生命危险和财产损失，装修材料至今仍然是严重危及生命安全的重要因素。

家庭装修必须考虑消防安全因素，应采取以下防火安全措施：

（1）室内装修时，设计一定要注意用电安全，在选择电线时，一定要选择质量较好的阻燃绝缘铜芯线；吊顶内电线要穿管，电线接头处安装接线盒。

（2）装修中应采用防火材料，木材一定要经过防火处理。

（3）装修中大量使用的油漆、香蕉水、涂料及稀释剂等易于挥发，遇到明火极易起火爆炸，所以在进行施工时室内要有良好的通风。

（4）施工现场应天天打扫，清除木屑、漆垢、残渣等可燃物，保证室内安全出口畅通。

五、居室内吸烟防火

据测定，某些被人们轻视的"小"火源，其温度是很高的：燃烧着的烟头表面温度是200～300℃，中心温度高达700～800℃；燃烧着的火柴梗，其温度是750～850℃。一般的纸张、棉花、布的燃点都在200℃以下，这说明烟头的温度大大超过了许多可燃物质的着火点。所以居民在家中吸烟必须注意防火。有的人麻痹大意，吸烟后乱扔烟头，结果引起火灾。

吸烟时应做好以下防火工作：

（1）不要躺在床上或沙发上吸烟，特别是在喝醉了酒或过度疲劳的情况下，往往一支烟未吸完，人已入睡，或昏昏沉沉、糊里糊涂，以致带火的烟头掉落在被褥、蚊帐、衣服、沙发或地毯等可燃物上，引起火灾。

（2）不要把点着的香烟随手乱放。如放在写字台、窗台边上，人离开时烟头未熄灭，结果烟头火蔓延扩大至书本、图纸、桌子、窗帘、衣服上，引发火灾。

（3）要处理好吸剩的烟头，将其放在烟灰缸内，不要随手乱扔烟头和火柴梗。

六、教育儿童不要玩火

儿童天真活泼、模仿性强，对外界事物好奇，常以玩火取乐。据火灾统计资料表明，因儿童玩火引起的火灾，占火灾总数的 9%，其主要原因是儿童不懂玩火的危害性，以致酿成严重后果。

儿童玩火导致火灾的案例不胜枚举，沉痛的教训告诉我们，全社会都应高度重视对儿童的防火安全教育，家长更要对孩子进行经常性的防火安全教育。同时，家长要管好室内火种（火柴、打火机等），要将其放置在儿童拿不到的地方；使用煤气、液化气的居民家庭，特别要教育儿童不要玩弄灶具和气瓶的开关，家长外出探亲访友、上班时，最好不要把儿童独立锁在家中，防止大人不在时儿童玩火而发生火灾。

七、家庭发生火灾怎样报火警电话

火警电话是 119，拨通 119 后，要沉着镇静，按程序讲清以下内容：起火居民家庭所在地区、街道门牌号，如果是住宅小区楼房，要讲清几号楼、几单元、几层、几号房间；燃烧的什么物质，起火部位名称，火势大小，报警人的姓名及使用报警电话号码。报警同时，身边如果还有人，要派人到大门口或交叉路口接应消防车。报火警电话方法如图 8-1 所示。

八、家庭补救初起火灾

家庭切实要做到"火情发现早、小火灭得了"。

火灾发生分为五阶段：即初起阶段、发展阶段、猛烈燃烧阶段、下降阶段、熄灭阶段。其中初起阶段是灭火最有利的时机。初起阶段火势特点是：开始燃烧面积不大，火焰放出的辐射热小，烟和气体流动缓慢，这时只要灭火方法得当且速度快，火是比较容易扑灭的，甚至一件湿大衣、两盆水、一个锅

牢记火警电话119

火警电话打通后，应讲清着火单位，所在详细地址；要讲清什么东西着火，燃烧物质和火势情况

报警后要派人在路口等候消防车的到来，指引消防车去火场的道路，以便迅速、准确到达起火点

图 8-1　报火警电话方法

盖、一个灭火器就能解决，从而避免了大的火灾损失。

不同的物质燃烧采取的灭火方法、所用的灭火剂也不一样，对灭火方法要好好研究。

九、常见家庭火灾的扑救方法

（1）当电气设备发生火灾时，首先要立即切断电源，然后采用干粉灭火器或二氧化碳灭火器灭火，根据燃烧物灵活灭火。

（2）人身上着火，可就地打滚或用厚重衣物覆盖压灭火苗。

（3）厨房油锅温度过高或倒油过多引起着火，可用切好的蔬菜投入油锅冷却灭火；或用锅盖盖住窒息灭火，也可用装好的干粉袋灭火。

（4）燃气管道泄漏遇明火着火，首先找到就近的阀门迅速关闭切断气源，而后用干粉灭火器或用湿棉被、湿麻袋灭火。

（5）当从外面看到室内着火，门窗紧闭，一般来说不应急于打开门窗，防止空气流通加助火势，要先在门外组织好邻居等人员，备好水桶、脸盆打水、灭火器等工具迅速进入室内将火扑灭。

（6）如家中存放的汽油着火，不能用水扑救，若用水扑救汽油火，由于汽油和水密度不同，往往会使火苗飞溅，扩大火势。可用干粉灭火器或湿棉被、湿麻袋灭火。

（7）家中电视机着了火，首先要切断电源，如果电视机冒烟起火，可用棉被毛毯将其快速覆盖，隔绝空气而窒息灭火。若电视机起火已引燃周围可燃物，火势较大，可用干粉或二氧化碳灭火器扑灭。在救火时，应站在电视机的侧面或后面，以防显像管爆炸伤人。

（8）家中电脑着火，应立即关机切断电源，用湿棉被等厚重物品将电脑快速覆盖，窒息灭火，或用二氧化碳灭火器扑救。

十、现代家庭应配备的消防器材

为了提高家庭扑救初起火灾的能力和逃生自救能力，落实《全民消防安全宣传教育纲要》中对家庭提出的任务，家庭需常备以下物品：

（1）干粉灭火器。可扑灭可燃固体、可燃易燃液体、可燃气体（如天然气、液化石油气）和电器线路设备等火灾。

（2）灭火毯。能起到隔离热源及火焰的作用，可用于扑灭油锅火或披覆在身上逃生。

（3）手电筒。可用来在浓烟中视线不清时照明或夜间照明。

（4）绳子。火灾时因被困在楼房室内，逃生时用来从高处往下一层楼自救逃生使用。

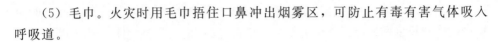

（5）毛巾。火灾时用毛巾捂住口鼻冲出烟雾区，可防止有毒有害气体吸入呼吸道。

十一、公安部制定的消防提示

1. 家庭消防安全自查表

（1）家庭每个成员是否都清楚火灾逃生的第一准则——让所有人尽快撤离火场。

（2）家庭每个成员是否都清楚火灾逃生路线，每条逃生路线是否畅通无阻。

（3）一旦发生火灾，家庭每个成员都知道如何正确、快速地拨打119火警电话报火警吗？

（4）家里是否严格禁止卧室吸烟，在丢掉烟头、处理烟灰和烟缸之前是否确定香烟已经熄灭。

（5）家里移动式加热器的摆放位置是否安全吗，与人、窗帘和家具是否保持足够的安全距离。

（6）当炉灶有火时，是否总有大人留在厨房吗。

（7）家里的电视机周围是否留出了足够的空间，保证空气对流，确保电视机温度不会过高。

（8）是否把垃圾、废物及时地从卧室、储藏室、厨房、通道清理出去。

（9）家里是否备有灭火器或其他灭火工具，家庭成员是否都会使用。

（10）家里是否对电器线路、燃气管道、煤气灶具经常进行检查，家庭成员是否养成了出门时关闭电源、汽源的好习惯。

2. 公安部发布的清明节消防安全提示

清明节是每年人们缅怀先烈、扫墓祭祖的大节日，已有两千年的历史，到这一节日前后，各类文物古迹、旅游风景、祭扫场所人流密集，焚香、烧纸、点蜡、燃放鞭炮活动频繁，加上春季大风天气较多，森林火险等级较高，极易引起火灾事故发生。为此，公安部消防局发布了以下清明节消防安全提示：

（1）文明祭扫，小心火烛。

（2）祭扫遇到大风天，请勿烧纸、燃蜡、点香、燃放爆竹。

（3）祭扫如需烧纸、燃蜡、点香，应清理周围可燃物，人要从旁进行守护，待火完全熄灭方可离开。

（4）祭扫烧纸钱、燃放爆竹，注意远离人群、远离居民住宅、公共建筑、文物保护单位、采用可燃外保温材料的建筑、易燃易爆场所、山林、草原。

（5）遇有火情，及时拨打119报警；发现身边有火情隐患，及时拨打火灾隐患举报投诉电话96119举报。

（6）生活中要正确使用电器设备，不乱接电源线，不超负荷用电，及时更换老化电器设备和线路，外出时要关闭电源开关。

（7）遇到火灾要迅速正确逃生，不贪恋财物、不盲目跳楼。

（8）严禁占用、堵塞或封闭安全出口、疏散通道和消防车通道，严禁设置妨碍消防车通行和火灾扑救的障碍物。

（9）近期已有多地发生电动自行车引发的火灾，购买电动自行车一定要认准生产许可证，选择专业维修单位定期进行维护保养。请公众时刻注意防火，防患于未然。

第三节　家用电器防火

一、电视机防火

随着人民生活水平的提高，电视机在我国城乡家庭中已相当普及，对丰富群众的文化生活发挥着重要的作用。但是，电视机如果使用、维护不当，也可能引起火灾。电视机中的主要部件——显像管需要很高的电压，由于电压高，就会发生放电现象，使塑料部件等可燃物起火。当电视机通风不好时，机内温度散发不出来，零件绝缘性能降低，时间久了，就会引起元（器）件电线着火。另外，室外天线如防雷措施不当，也容易受雷击引起火灾。因此，预防电视机火灾，主要应从以下方面着手：

（1）电视机应放在通风条件良好的地方，若放在电视柜中，应多开孔洞，保证及时散热，并要注意掌握开机时间。炎热的夏天使用时，宜用电扇吹风散热。

（2）电视机不要放在有易燃易爆液体、气体的场所收看，以免放电打火引起火灾或爆炸。

（3）雷雨天尽量不要使用室外天线，如想使用，一定要安装接地或避雷设施，以防雷击引起火灾和爆炸。

（4）停机时一定要切断电源，不能只把电视机的手推开关关闭，以防电视机长时间通电，变压器发热起火。

（5）发现异常和故障立即关机，千万不要粗心大意。

二、空调器防火

随着人民生活水平的不断提高，空调器作为高档家电已逐渐进入千家万户，如使用不当，也容易引起火灾的发生。空调器火灾的产生原因主要有以下方面：

（1）电容器击穿造成空调器起火。空调器内电容器受潮后，漏电性增大，绝缘性降低，从而发生击穿，引起火灾。

（2）电热型空调器的电热丝加热时，风扇发生故障，电热丝得不到空气的循环冷却，温度上升，造成火灾。有的空调器在突然停电、停机时，电热丝、风扇同时切断，电热元件余热不能马上散发，也会引发火灾。

预防空调器火灾的措施有：①安装空调器时注意安装高度、方向和位置，注意与窗帘保持安全距离；②供空调器使用的线路、插座要专用，并要与导线载流量、电压相符。

三、计算机防火

随着人民生活水平的提高，计算机不但用于单位办公，现已全面进入家庭。计算机是精密电子设备，做好其防火安全工作十分重要。

计算机的火灾危险性在于传输电缆线数量多，其材料大部分属于低热阻材料，一旦线路起火，火势极易蔓延成灾。加之万一设备质量不好或元（器）件接触不良，就会因过热发生绝缘击穿，造成短路起火。因此，要做好以下工作：

（1）使用计算机过程中，应观察其运行情况，因为电子设备大部分是无法耐受高温灼热的，发现异常情况，应停机检查，排除隐患后再开机运行。

（2）严禁使用易燃液体擦拭机器，可采用不燃烧的洗涤剂擦拭。

（3）使用过的棉丝、布头、废纸等不要随便乱扔，应放在专用金属容器内并及时处理。

（4）教育儿童不要随便乱动电源电线和插头。

（5）设置计算机的房间需配有气体灭火器，工作人员要学会使用，以防万一。

四、电热器具防火

随着全面建设小康社会进程的不断深入，城乡人民生活水平不断提高，购买各种家用电热器具的居民越来越多，如电暖气、空气净化器、加湿器等，使用电热器具也需要注意防火。根据经验，应采取以下防火措施：

（1）电热器具通电工作后，必须要有专人看管，人离开前要切断电源。

（2）使用电热器具时，必须将其放在不导热、不燃烧的基座上，远离易燃易爆物品。

（3）电热器具的导线绝缘损坏或没有插头，均不能使用。

（4）导线的安全载流量必须满足电热器具的容量要求。

五、抽油烟机防火

抽油烟机属于家电产品。它主要由交流电动机、扇片、电容器、照明设备、控制电路等组成。在高温和油烟中的一氧化碳、含硫气体、水蒸气的影响下长时间工作，会造成电路和元器件的腐蚀老化，进而形成火灾隐患。另外抽油烟机除使用时会沾染可燃油污外，本身也有部分塑料部件，属于易燃、可燃材料，个别产品本身不符合安全标准，带有原始隐患；有的安装距灶具火源太近，电源连接错误，电路接点不实，火灾危险就更大了。

为此，使用抽油烟机应注意要做好以下防火工作。

（1）要选购经国家有关部门认定的合格产品。

（2）安装抽油烟机时必须按规程和说明书的要求安装。

（3）及时清除机体上的油污，并减少灶具和抽油烟机周围的可燃物品。

（4）配备必要的轻便灭火器材，一旦发生火情，首先切断电源，然后扑救。

第四节 家用燃气防火

一、煤气灶防火

随着城市现代化的建设，使用煤气作为燃料的家庭日渐增多，家庭做好煤气消防管理十分重要。使用煤气灶必须注意做好以下防火工作：

（1）遵循先点火、后开气的操作要求。

（2）发现家中有漏气现象，检查漏气部位时可用肥皂水涂在接口处和管壁上，看是否有气泡出现，切勿用明火检查。

（3）回家时发现有煤气异臭味，先打开门窗通风，冲淡煤气在空气中的含量，切勿开灯。

（4）严禁个人擅自更改、拆卸或迁移煤气管线中的阀门、计量表等设备。阀门与炉灶连接的软管不要太长，软管使用时间过长了会造成老化、易开裂和漏气，要及时更换（一般为一年更换一次）。

（5）家中有儿童的用户要教育其不要拧开关。烧水煮饭时，容器里的水不要太满，防止沸水溢出，浇灭火苗，造成煤气外漏。

万一煤气管道着火，应首先切断气源，然后用干粉灭火器进行灭火或用浸湿的麻袋、棉被、大衣以及泥巴灭火。

二、液化石油气瓶防火

液化石油气是一种易燃易爆气体，做好防火安全工作十分重要，若有违章就会发生火灾爆炸事故。使用液化石油气瓶注意以下防火措施：

（1）液化石油气瓶换气时，液化气瓶的灌装量不得超过气瓶容积的85％。

（2）液化气瓶与火源、热源的距离不应小于1.5m。

（3）液化气瓶不宜用火烤、开水烫和暴晒。

（4）液化气瓶必须竖立使用，不准倒置，否则液化石油气的液体流入调压器极易发生火灾爆炸事故。

（5）教育儿童不要玩液化气瓶，随便扭动零部件。

（6）若发现家中液化气泄漏，嗅到液化气臭味时，应先及时打开门窗通风，减少液化气在空气中的含量，不要急于开灯或使用明火照明。

三、天然气灶防火

随着西气东输工程的实现，许多单位和家庭开始使用天然气。天然气的主要成分是甲烷，具有易燃、易爆的特性。使用天然气灶时要注意以下防火措施：

（1）天然气的管线、阀门必须完整，各部位不能漏气，严禁用其他管线、阀门代替。

（2）连接导管的两端必须用金属丝缠紧，并固定牢靠，经常检查是否漏气，防止发生火灾。

（3）管线、阀门等设备发生故障时，要请供气单位维修，任何个人不能私自拆卸、安装。

（4）使用天然气时，要先点火，后开启阀门。用气时人不要外出、远走，以便在发生事故时能及时处置。

四、居民使用燃气注意事项

居民厨房使用燃料气体化是时代发展趋势。但有的居民不了解气体燃烧的特性而违反用气操作规程，因此而造成的家庭火灾爆炸事故很多。气体燃烧有两种形式：①扩散燃烧；②动力燃烧。如果可燃气体与空气边混合边燃烧，这种燃烧称为扩散燃烧，或称稳定燃烧。例如：使用煤气、天然气、液化气罐烧饭或点瓦斯灯照明，喷出的气体一边与空气混合，一边燃烧，燃烧过程比较稳定、安全。如果违章操作灶具，可燃气体与空气在燃烧之前就已混合，遇到火源将立即爆炸，形成燃烧，这种燃烧称做动力燃烧，这是使用燃气的大忌。

五、正确使用燃气灶软管

城市居民家庭普遍用天然气和液化石油气做饭、烧水。在使用中，燃气灶软管很容易被氧化后老化，失去密封性，使用一定时间就会变硬、开裂，尤其是接口一旦出现不紧密或者脱落情况，就会造成燃气泄漏，如未及时发现会引起火灾爆炸事故。

煤气灶软管的安全使用寿命一般是 24 个月，长度不得超过 1.5m。

燃气灶软管更换时要按照以下的步骤操作：

（1）打开厨房窗户通风，关闭灶前阀（其手柄开关与管道成直角），同时开火将软管中的余气燃尽。

（2）松开软管接口处的螺钉，取下管箍，摘掉老化的软管。

（3）将新软管截成与旧软管一样的长度，套上喉卡。

（4）在管道接口处涂肥皂水，将软管套上管道并往里推，保证接口处与警戒线对齐。

（5）将喉卡上的螺钉拧紧。

（6）对接口处进行泄漏检测并确认安全。泄漏检测时可把肥皂水（或清洁剂水）刷到软管接口处，如果漏气，接口处就会冒泡。

第五节　家庭火灾逃生

一、家庭火灾致死原因

火灾中丧生的人大都不是被火烧死的，只占约 20％，大部分（80％左右）是被烟雾中的烟毒窒息而死的。因为发生火灾时，燃烧物产生滚滚浓烟，能见度差，且刺激双眼，当眼睛什么也看不见时，逃离火场就极其困难，时间稍长，就会窒息而死亡。家庭火灾产生毒气的主要有害成分是一氧化碳和氢化物，这是火灾中隐形杀手。这些有毒气体的产生与现代人生活方式密不可分：居室内部装修和家具陈设都采用可燃物，各种木材、胶合板、塑料、橡胶、油漆和各类化纤织物、丝、毛、麻等；聚氨酶泡沫广泛应用，如充当沙发、床垫、枕头、沙发靠垫、垫肩、棉袄等的填充物；家电外壳大部分是塑料……这些物质经实验证明，是化学高分子化合物和高聚物。在燃烧和高温热解时，均可产生一氧化碳、氢化物（聚丙烯腈、丙醋氢醇、异氨酸酶类等）。一个用聚氨酯制作的沙发着火后产生的有毒气体相当于 25L 汽油燃烧后产生的有害气体，不低于一个毒气弹的能量。这些有毒物质吸入体内，可阻断组织细胞氧化过程中，使组织细胞不能利用氧气，形成内窒息致死。空气中一氧化碳浓度在 1.3％以上时，就会危及人的生命；二氧化碳含量超过 5％时，会产生呼吸困难；当空气中的含氧量降至 14％～16％时，人就会感到无力并出现昏迷，低于 6％就有窒息死亡的危险。

二、家庭火灾逃生自救方法

一旦发现楼房内居民家中着火，一定保持冷静，做几秒钟考虑，采用什么方式逃生自救，床下、阁楼、衣橱均不宜躲藏。

根据住宅楼内地形，想办法利用建筑物条件（如阳台、落水管、平台、长廊、老虎窗、楼顶平台）进行逃生。如一层着火，二层被困，可从窗口、阳台往下跳，但在跳前要先把室内席梦思床垫、沙发垫、棉被褥扔到地面，身子从窗口、阳台下垂软着落。

当大火袭来时，千万牢记迅速疏散逃生，切不可因贪恋财物而贻误了逃生自救时间。如看到下层烟火，可快速用浸润的衣物被褥披裹身体，注意保护身体头部和上躯干，穿过烟火区，冲到地面。如门外、楼道大火已封，无法外出逃生，可在屋内用衣物、床单等堵塞门缝，向门上泼水降温，增加门的抗火性，延缓烟火烧进屋内的时间，并在窗口呼叫救援。如大火蔓延到房间门口，可利用家中安全绳（如无绳子，可将被罩、床单撕条打结，形成绳索），一头拴在暖气管上或门窗框上，一头系在身上，从窗口或阳台下滑离开着火层。从房间出来通过楼道、楼梯间的烟雾区逃生时，切忌不可迎烟雾直立行走应遵循以下原则：

（1）蒙鼻匍匐。由于烟雾水平方向的传播速度为 0.8m/s，垂直方向为 3～4m/s，逃生时如需经过充满烟雾的路线，要防止烟雾中毒、预防窒息。为了防止火场浓烟呛入，可采用湿毛巾、口罩蒙鼻，匍匐撤离的办法。

（2）迅速撤离。逃生行动是争分夺秒的行动，一旦听到火灾警报或意识到自己可能被烟火包围，千万不要迟疑，要立即跑出房间，设法脱险，切不可延误逃生良机。住宅楼着火，一定要想法沉着应对，有时无法逃生，可选择有水且呼救方便的地方作为避难场所，如浴室、卫生间等（既无燃烧物，又有水源）。住宅楼若晚上发生火灾，一般会伴随停电，楼内黑暗。住户人员被困在这种情形时，可向楼外扔软物（如枕头、沙发垫）、打手机、敲洗脸盆、吹口哨、打手电，以示此处有被困人员等待救援。切勿盲目跳楼，从三层以上楼层跳到地面，绝大多数会造成摔伤甚至死亡。

二、逃生注意事项

发生火灾时，靠消防队员营救固然重要，但更重要的是在火灾中沉着冷静地选择自救逃生的方法。

逃生前不要因为穿衣或寻找贵重物品耽误时间，在无路可逃时也不要向床下、墙角、大衣柜里等不能阻挡烟火的角落或空间退避。不要轻易重返火场，受灾者一旦逃离危险区，就必须留在安全区，如有情况应及时向消防队人员反映。如住高层住宅，火灾时千万不要乘电梯。电梯井直通大楼各层，各层火灾中的烟气、热气、火会很容易涌入，并通过楼梯、电梯井竖向发展；同时在高温下，电梯会失控变形，还有触电危险，如遇停电，乘客会被困在电梯内很难逃生。

当门外的房间已经着火，贸然打开房门，往往会遭到猛烈高温与浓烟的袭击。此时应先触门把，观察门缝，发现门把烫手或有浓烟侵入时，应关闭房门窗户，用毛巾、衣被堵塞门缝，泼水降温，等待救援。

不论是位于着火房间还是非着火房间，逃到室外后要随手关闭通道上的门窗，已减缓烟雾沿着人们逃离的通道蔓延，减少空气流动，控制火势发展。

楼房内发生火灾，应观察起火位置，火如在上层和中层，要向楼下逃生；火如在下层，烟火会封住往下的通道，则向楼顶、平台逃生。要考虑利用所有地形，如阳台、落水管、平台、楼顶、卫生间、相邻建筑条件等想法自救逃生，绝不可一慌就跳楼。

四、居民楼房火灾被困人员救援方法

居民楼房里发生火灾，可燃物热解产生大量的高温烟雾，烟雾中含有一氧化碳、二氧化碳、氢化物等有毒气体，人们吸入烟毒会窒息丧命。如果被困楼内，可采取下列方式应急：

（1）用湿毛巾、手帕、衣服等捂住口鼻，尽快找到烟雾稀薄的地方，逃离火场。

（2）烟雾较大时，要切忌不要自立行走，要低姿势俯身或爬行，以免烟雾进入呼吸道中毒。

（3）关闭房门，到阳台、窗口向外发出求救信号，等待消防队员救援。

火灾逃生自救十二条如图8-2所示。

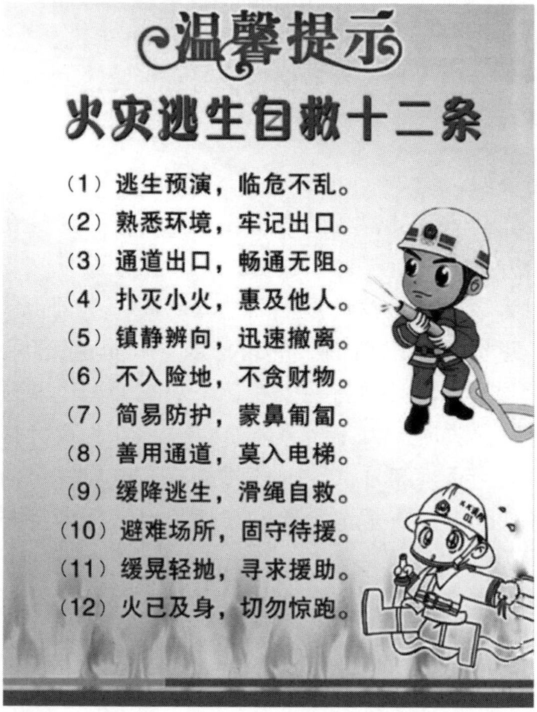

图 8-2　火灾逃生自救十二条

第九章

消 防 安 全 责 任 制

　　消防安全是社会公共安全的重要组成部分，消防安全事关社会稳定、经济发展、人民安居。近年来，我国经济社会高速发展与消防事业整体滞后的矛盾日益突显，火灾形势异常严峻，突出表现之一就是重特大火灾不断发生，给国家和人民群众的生命财产造成了巨大损失，如：上海静安区"11·15"教师公寓火灾事故，天津蓟县"6·30"莱德商厦火灾事故，吉林德惠市"6·3"宝源丰禽业有限公司厂房氨气爆炸引发的火灾事故，河南鲁山县"5·25"老年康复中心火灾事故，天津滨海新区"8·12"瑞海公司危险品仓库特别重大火灾爆炸事故等。火灾给我们带来了前所未有的挑战，造成火灾的直接原因包括违规违章生产操作，用火用电过程存在安全隐患，工作人员疏忽大意等。但在直接原因的背后，也暴露出消防安全责任落实不到位的问题。如上海静安区"11·15"教师公寓火灾事故造成58人死亡，直接原因是违章电焊操作，更深层的原因则是施工现场管理混乱、部门安全监管不力等。深入剖析消防安全责任制在落实过程中存在的瓶颈问题，探讨这些问题的解决对策刻不容缓。

第一节　消防安全责任制的具体内容

一、制定消防安全制度、消防安全操作规程

　　消防安全制度是指由各单位制定的，在生产、经营、管理等各项活动中必须遵守的防火灭火、保证消防安全的系统规定。每个单位都应当根据本单位的实际情况和预防火灾的实际需要制定详细的消防安全制度、消防安全生产操作规程，这是预防火灾和保障消防安全的制度保证。

二、确定本单位和所属各部门、岗位的消防安全责任人

　　《中华人民共和国消防法》在总则第二条中就明确规定："消防工作贯彻预防为主、防消结合的方针，坚持专门机关与群众相结合的原则，实行防火责任制。"单位防火责任制是消防工作实行防火责任制的具体内容之一，是一项非常必要的、行之有效的预防火灾发生的制度，是贯彻预防为主、防消结合方针的重要措施之一。只有消防安全的各项制度健全，职责清楚，目标明确，管理严

格，责任落实，才能及时消除火灾隐患，为改革开放、经济建设和人们的正常生活创造良好的消防安全环境。

三、针对本单位的特点对职工进行消防宣传教育

各单位应利用各种形式，经常向职工宣传消防法规，普及消防知识，介绍防火灭火经验和火灾隐患、火灾事故及其教训，表彰热心消防、勇敢灭火的好人好事。除加强日常的消防宣传外，还可以每年在适当的时候集中开展消防宣传活动，以增强职工的消防意识。同时，各单位还应当针对本单位的特点对职工进行消防培训，特定岗位的人员必须经过消防专项培训，学习掌握相应的防火灭火知识。

四、组织防火检查

为及时消除火灾隐患，各单位必须经常性地组织全面防火检查，及时消除各种火灾隐患，保证本单位的消防安全。

五、消防设施运维管理

按照国家有关规定配置消防设施和器材、设置消防安全标志，并定期组织检验、维修，确保消防设施和器材完好、有效，保证一旦发生火灾，能够及时扑灭火灾、减少生命、财产损失。各单位必须正确认识和处理好经济效益与保障安全的关系，充分重视本单位的消防安全，有计划地增加消防建设的投入，确保本单位的消防安全。

保障疏散通道、安全出口畅通，并设置符合国家规定的消防安全疏散标志。

对于消防相关规定与措施，都必须落实具体的负责人，不能统一规划与管理，确保消防安全的每个环节都有具体的负责人，就能够在事故发生后迅速找到原因和追究责任，确保下一次工作的有效性。

第二节 《消防安全责任制实施办法》重点条款解读

为进一步加强和改进消防工作，大力推动消防安全责任制落实，2017年10月29日，国务院办公厅专门印发了《消防安全责任制实施办法》（以下简称《实施办法》），就建立健全消防安全责任制做出了全面、系统、具体规定。

《实施办法》共6章、31条，以现行消防法律法规为依据，结合近年来消防工作实践，致力于解决消防安全责任落地难的"顽症"，提出了许多创新性的规定和要求。第一章总则，将"党政同责、一岗双责、齐抓共管、失职追督"作为总体原则，明确了相关法律政策依据和目的意义；第二章地方各级人民政府消防工作职责，规定了省、市、县和乡镇政府、街道办事处以及开发区、工业

园区管委会消防安全职责；第三章县级以上人民政府工作部门消防安全职责，区分不同情况分别规定了公安、教育、民政等 13 个具有行政审批职能的部门和发改、科技、工信等 25 个具有行政管理或公共服务职能的部门的消防安全职责；第四章单位消防安全职责，分三个层次规定了一般单位、消防安全重点单位和火灾高危单位的消防安全职责；第五章责任落实，规定了消防工作考核、结果应用、责任追究等内容；第六章附则，对专有名词作了解释，明确了施行时间和要求。

学习好、贯彻好、落实好《实施办法》，是各级政府、行业部门和社会单位的共同任务。本章重点对与供电企业消防工作关系密切的第一章总则和第四章单位消防安全职责进行解读，旨在帮助大家准确把握《实施办法》中相关条款的精神实质和内容要义，转化为狠抓落实的具体行动、自觉行动。

一、《实施办法》"总则"部分解读

消防工作是一项社会性很强的工作。做好消防工作，离不开全社会的共同努力和积极参与。但从目前情况看，政府、部门、单位、公民"四位一体"消防安全责任体系尚未健全，消防安全责任制落实不到位的问题仍比较突出。一些地方安全发展意识不强，对消防工作重视不足、摆位不够，消防工作滞后于经济社会发展。一些行业部门对"管行业必须管安全"存在认识误区，消防管理责任不清、主动性不强，对本行业、本系统消防安全疏于监管。一些单位重经济效益、轻消防安全，主体责任不落实，消防制度不完善，违章作业、冒险蛮干现象普遍，由此导致的火灾事故时有发生。为解决这些突出问题，国务院办公厅专门出台了《实施办法》，并将"党政同责、一岗双责、齐抓共管、失职追责"确定为消防安全责任制的总体原则，逐一界定细化了地方各级政府、行业部门和社会单位的消防安全责任，就消防安全责任追究做出了明确规定。

第一条 为深入贯彻《中华人民共和国消防法》《中华人民共和国安全生产法》和党中央、国务院关于安全生产及消防安全的重要决策部署，按照政府统一领导、部门依法监管、单位全面负责、公民积极参与的原则，坚持党政同责、一岗双责、齐抓共管、失职追责，进一步健全消防安全责任制，提高公共消防安全水平，预防火灾和减少火灾危害，保障人民群众生命财产安全，制定本办法。

【条文解读】

（一）制定依据

《中华人民共和国消防法》第二条要求，实行消防安全责任制，建立健全社会化的消防工作网络。《中华人民共和国安全生产法》第四条规定，建立、健全

安全生产责任制,提高安全生产水平,确保安全生产。《中共中央　国务院关于推进安全生产领域改革发展的意见》(中发〔2016〕32 号)明确,坚持党政同责、一岗双责、齐抓共管、失职追责,完善安全生产责任体系。

党的十八大以来,面对经济社会发展的新机遇和新挑战,以习近平同志为核心的党中央坚持以人民为中心的发展思想,高举安全发展、以人为本的旗帜,把安全生产作为民生大事,纳入"五位一体"总体布局和"四个全面"战略布局统筹推进。2013 年 7 月 18 日,习近平总书记在中共中央政治局第二十八次常委会上强调,落实安全生产责任制,要落实行业主管部门直接监管、安全监管部门综合监管、地方政府属地监管,坚持管行业必须管安全,管业务必须管安全,管生产必须管安全,而且要党政同责、一岗双责、齐抓共管;该担责任的时候不负责任,就会影响党和政府的威信。2015 年 5 月 29 日,习近平总书记在主持中共中央政治局第二十三次集体学习时强调,要切实抓好安全生产,坚持以人为本、生命至上、全面抓好安全生产责任制和管理、防范、监督、检查、奖惩措施的落实,细化落实各级党委和政府的领导责任、相关部门的监管责任、企业的主体责任,深入开展专项整治,切实消除隐患。党的十九大报告明确提出,树立安全发展理念,弘扬生命至上、安全第一的思想,健全公共安全体系,完善安全生产责任制,坚决遏制重特大安全事故,提升防灾减灾救灾能力。

《实施办法》认真贯彻习近平总书记系列重要指示精神,依照有关法律法规和政策性文件规定,科学总结消防工作经验,对消防安全责任体系作出了全面、系统、具体的规定。

(二)政府统一领导、部门依法监管、单位全面负责、公民积极参与

政府统一领导、部门依法监管、单位全面负责、公民积极参与,是《中华人民共和国消防法》确定的消防工作原则。消防工作作为公共安全的重要内容,涉及各行各业,事关千家万户,《实施办法》释义与解读具有鲜明的社会性、群众性,需要全社会的共同参与。

政府统一领导就是政府作为公共安全的管理者,应依法担负消防安全的领导责任,从总体上规划、指挥、部署、支持和协调全国或本行政区域的消防工作。

部门依法监管就是政府各部门应在各自职责范围内,根据本行业、本系统的特点,依据有关法律法规和政策规定,履行消防工作职责,确保本行业、本系统消防安全。

单位全面负责就是单位作为消防安全的责任主体,应对本单位消防安全负全责,全面落实消防安全自我管理、自我检查、自我整改,确保本单位消防安全。

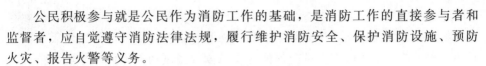

公民积极参与就是公民作为消防工作的基础，是消防工作的直接参与者和监督者，应自觉遵守消防法律法规，履行维护消防安全、保护消防设施、预防火灾、报告火警等义务。

（三）党政同责、一岗双责、齐抓共管、失职追责

党政同责、一岗双责、齐抓共管、失职追责是消防安全责任制的总体原则，也是党委、政府抓好消防工作的根本遵循。四者同等重要，互为补充，缺一不可。

2015年8月15日，习近平总书记就天津滨海新区"8·12"瑞海公司危险品仓库特别重大火灾爆炸事故作出重要指示，各级党委和政府要牢固树立安全发展理念，坚持人民利益至上，始终把安全生产放在首要位置，切实维护人民群众生命财产安全；要坚决落实安全生产责任制，切实做到党政同责、一岗双责、齐抓共管、失职追责。《实施办法》认真贯彻习近平总书记系列重要指示精神，在认真总结消防工作实践经验的基础上，首次针对消防安全责任制提出了"党政同责、一岗双责、齐抓共管、失职追责"的总体原则。

1. 党政同责

党政军民学、东西南北中，党是领导一切的。党的十九大报告明确提出，坚持党对一切工作的领导，完善党委领导、政府负责、社会协同、公众参与、法治保障的社会治理体制。因此，加强社会治理、确保消防安全、维护社会安定、保障人民群众安居乐业是各级党委、政府必须承担的重要责任。从实践上看，各级党委、政府普遍将消防工作纳入重要议事日程，实行党政同管、同抓、同责，在推动解决消防安全重大问题、提高公共消防安全水平方面取得了良好效果。

地方各级党委对本地区消防工作全面领导、全面负责，应认真贯彻落实消防法律法规和党中央、国务院消防工作方针政策、决策部署，结合本地实际制定具体意见和措施；将消防工作纳入党委工作全局和重要议事日程，定期召开党委常委会议和专题会议，研究部署重大消防工作事项；将消防安全内容纳入党员领导干部教育培训，指导政府依法履行职责，协调党委有关工作部门和人大、政协及群众团体、宣传部门、社会各界开展活动，引导群众全面参与、主动支持；加强消防工作考核结果运用，建立与政府、部门负责人和直接责任人履职评定、奖励惩处相挂钩的制度。

地方各级党委所属工作部门应结合工作职责，共同做好消防工作。政法委员会将消防工作纳入平安建设和社会治安综合治理的重要内容，定期督导检查，严格考核奖惩。组织部门把消防工作年度考核情况作为对党政主要负责人和领导班子综合考核评价的重要依据。宣传部门将消防宣传教育纳入社会主义精神

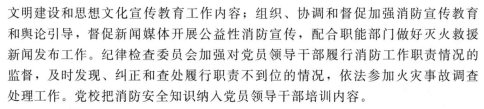

文明建设和思想文化宣传教育工作内容；组织、协调和督促加强消防宣传教育和舆论引导，督促新闻媒体开展公益性消防宣传，配合职能部门做好灭火救援新闻发布工作。纪律检查委员会加强对党员领导干部履行消防工作职责情况的监督，及时发现、纠正和查处履行职责不到位的情况，依法参加火灾事故调查处理工作。党校把消防安全知识纳入党员领导干部培训内容。

2. 一岗双责

一岗双责是指领导干部既要承担业务工作、确保各项目标任务的完成，又要承担分管领域的消防工作、确保本领域消防安全，实现业务工作和消防工作同步发展。落实消防安全"一岗双责"是法律要求，是职责所系。领导干部要牢固树立责任意识，带头践行"一岗双责"，将消防工作与业务工作同研究、同部署、同检查、同考核、同落实，做到业务工作拓展到哪里，消防工作就延伸到哪里，实现"两手抓、两手硬"。领导干部不重视消防安全，不履行或不正确履行消防工作职责，造成本单位、分管领域火灾隐患突出、火灾事故不断，即使业务工作再突出，也是不称职的。

3. 齐抓共管

齐抓共管是"政府统一领导、部门依法监管、单位全面负责、公民积极参与"消防工作原则的具体体现，是消防工作社会化属性决定的，也是消防工作实践经验的总结和客观规律的反映。政府、部门、单位、公民都是消防工作的主体，任何一方都非常重要，不可偏废。只有落实好政府属地管理责任、行业部门监管责任、社会单位主体责任、公民自我管理责任，做到各司其职、各负其责，消防工作才能形成齐抓共管的合力、发挥群策群力的效能，实现公共消防安全长治久安。

4. 失职追责

失职追责就是对未履行职责或不正确履行职责的，依法依规严肃处理并追究有关人员的责任。各级政府应根据《实施办法》，结合本地实际，组织制定具体的实施细则，进一步明确消防工作责任主体的权力清单和责任清单，厘清责任边界，划定红线底线，切实做到履职有依据、追责有出处。同时，要将督查检查、目标考核、责任追究有机结合起来，形成保障消防工作职责有效落实的强大推动力。

（四）进一步健全消防安全责任制

建立健全消防安全责任制，是我国消防工作长期实践的经验总结。1957 年《中华人民共和国消防监督条例》规定，在企业、事业、合作社实行防火责任制度。1984 年《中华人民共和国消防条例》和 1987 年《中华人民共和国消防条例实施细则》规定，机关、企业、事业单位实行防火责任制度。1998 年《中华人

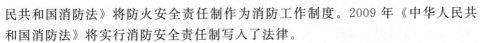

民共和国消防法》将防火安全责任制作为消防工作制度。2009 年《中华人民共和国消防法》将实行消防安全责任制写入了法律。

"十五"以来，国务院每五年都会出台文件，根据形势需要，对建立健全消防安全责任制提出具体要求。2001 年批转《关于"十五"期间消防工作发展指导意见》（国发〔2001〕16 号）；2006 年印发《关于进一步加强消防工作的意见》（国发〔2006〕15 号）；2011 年印发《国务院关于加强和改进消防工作的意见》（国发〔2011〕46 号）；2013 年出台《消防工作考核办法》〔国办发（2013）16 号），逐步丰富了消防安全责任制的内涵、拓展了其外延。

长期以来，各地认真贯彻法律法规和政策文件要求，狠抓消防安全责任制落实，有效推动了消防工作社会化进程。但是，一些地方和单位消防安全责任制不健全、落实不到位的问题还比较突出，成为消防工作的最大"顽症"，因此导致的重特大火灾事故时有发生。国务院出台《实施办法》，进一步细化责任制要求，就是要解决这一"顽症"，切实形成消防工作合力，提升公共消防安全水平。

2013 年 6 月 3 日，吉林省长春市德惠市宝源丰禽业有限公司主厂房发生特别重大火灾爆炸事故，造成 121 人死亡、76 人受伤，17234m² 主厂房及主厂房内生产设备被损毁，直接经济损失 1.82 亿元。经事故调查发现，该公司安全生产主体责任根本不落实，公安、消防部门履行消防监督管理职责不力，建设部门在工程项目建设中监管严重缺失，安全监管部门履行安全生产综合监管职责不到位，地方政府安全生产监管职责落实不力。

2015 年 8 月 12 日，天津市滨海新区天津港瑞海公司危险品仓库发生特别重大火灾爆炸事故，造成 165 人遇难、8 人失踪、798 人受伤，304 幢建筑物、12428 辆商品汽车、7533 个集装箱受损，核定直接经济损失 68.66 亿元。经事故调查发现，瑞海公司严重违反有关法律法规，是造成事故发生的主体责任单位。该公司无视安全生产主体责任，严重违反天津市城市总体规划和滨海新区控制性详细规划，违法建设危险货物堆场，违法经营、违规储存危险货物，安全管理极其混乱，安全隐患长期存在。有关地方党委、政府和部门存在有法不依、执法不严、监管不力、履职不到位等问题。天津交通、港口、海关、安监、规划和国土、市场和质检、海事、公安以及滨海新区环保、行政审批等部门单位，未认真贯彻落实有关法律法规，未认真履行职责，违法违规进行行政许可和项目审查，日常监管严重缺失；有些负责人和工作人员贪赃枉法、滥用职权。天津市委、市政府和滨海新区区委、区政府未全面贯彻落实有关法律法规，对有关部门、单位违反城市规划行为和在安全生产管理方面存在的问题失察失管。交通运输部作为港口危险货物监管主管部门，未依照法定职责对港口危险货物安全管理进行督促检查,对天津交通运输系统工作指导不到位。海关总署督促指导天津海关工作不到位。有关中介及技术服务机构弄虚作假,违法违规进行安全审查、评价和验收等。

地方各级人民政府应认真吸取重特大火灾事故教训,严格按照《实施办法》要求,结合实际加快健全完善消防安全责任制,构建责任明晰、各司其职、各负其责、齐抓共管的消防工作格局。同时,应通过举办培训班、研讨会等形式,对地方政府、行业部门和社会单位有关负责人进行培训,使他们知晓自身消防安全职责,切实增强依法主动履职的意识,共同推动消防安全工作。同时,应将消防安全责任制落实纳入对下级政府和本级政府有关部门消防工作考核的重要内容,推动各级政府、行业部门和社会单位依法履行消防安全职责,切实增强做好消防工作的积极性、主动性。

第二条 地方各级人民政府负责本行政区域内的消防工作,政府主要负责人为第一责任人,分管负责人为主要责任人,班子其他成员对分管范围内的消防工作负领导责任。

【条文解读】

(一)地方各级人民政府负责本行政区域内的消防工作。

《中华人民共和国消防法》第三条规定,国务院领导全国的消防工作,地方各级人民政府负责本行政区域内的消防工作。《国务院关于加强和改进消防工作的意见》(国发〔2011〕46号)明确,地方各级人民政府全面负责本地区消防工作。因此,做好消防工作是政府的法定职责。

消防工作事关经济社会发展大局,事关人民群众生命财产安全。党的十九大作出了"新时代""新矛盾"的重大论断,确定了"两个阶段""两步走"、建设美丽中国的宏伟蓝图。实现党和国家确定的重大发展战略,需要更加持续稳定的消防安全环境。如果消防工作抓不好,火灾事故频繁发生,甚至出现重特大群死群伤火灾,连最基本的安全保障都做不好,各级政府就没有精力去抓经济建设、社会发展,更谈不上构建和谐社会、实现全面小康。因此,地方各级人民政府必须依法依规全面承担起维护和保障本地区公共安全的职责,建立健全消防安全责任制,层层明确消防工作职责,把消防安全作为衡量地方经济发展、社会管理、文明建设成效的重要指标,落实好属地管理责任,为经济社会发展、人民群众安居乐业创造良好的消防安全环境。

(二)政府主要负责人为第一责任人,分管负责人为主要责任人,班子其他成员对分管范围内的消防工作负领导责任。

《中共中央国务院关于推进安全生产领域改革发展的意见》(中发〔2016〕32号)规定,党政主要负责人是本地区安全生产第一责任人,班子其他成员对

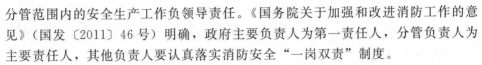

分管范围内的安全生产工作负领导责任。《国务院关于加强和改进消防工作的意见》（国发〔2011〕46号）明确，政府主要负责人为第一责任人，分管负责人为主要责任人，其他负责人要认真落实消防安全"一岗双责"制度。

主要负责人是指负责政府全面工作的正职领导，是本地区消防工作的第一责任人，应组织实施消防法律法规、方针政策和上级部署要求，定期研究部署消防工作，协调解决本行政区域内的重大消防安全问题。

分管负责人是本地区消防工作的主要责任人。一般有两类：一类是按照分工负责制协助政府正职领导专门负责安全生产工作的副职领导；另一类是协助政府正职领导专门负责消防工作的副职领导。分管负责人应协助主要负责人，综合协调本行政区域内的消防工作，督促检查各有关部门、下级政府落实消防工作的情况。

班子其他成员是指协助政府正职领导负责其他业务工作的副职领导，也包括受政府正职领导委托分管具体业务工作的助理以及其他政府党组成员。班子其他成员在履行管理业务工作职责的同时，也应对分管领域消防工作负领导责任，定期研究部署分管领域的消防工作，组织工作督查，推动分管领域火灾隐患排查整治。

第三条 国务院公安部门对全国的消防工作实施监督管理。县级以上地方人民政府公安机关对本行政区域内的消防工作实施监督管理。县级以上人民政府其他有关部门按照管行业必须管安全、管业务必须管安全、管生产经营必须管安全的要求，在各自职责范围内依法依规做好本行业、本系统的消防安全工作。

【条文解读】

（一）国务院公安部门对全国的消防工作实施监督管理。县级以上地方人民政府公安机关对本行政区域内的消防工作实施监督管理。

实施消防监督管理，是法律赋予公安机关的法定职责。《中华人民共和国消防法》第四条规定，国务院公安部门对全国的消防工作实施监督管理。县级以上地方人民政府公安机关对本行政区域内的消防工作实施监督管理，并由本级人民政府公安机关消防机构负责实施。国务院和地方各级人民政府的领导是一种宏观部署和重大事项决策处理活动，对消防工作的具体实施、监督管理，需要政府各有关部门根据法律和专业技术要求以及政府总体部署具体执行。

公安部在国务院领导下对全国范围内的消防工作进行规划、部署、监督检查。

县级以上地方人民政府公安机关在本级人民政府领导下对本行政区域内的消防工作实施综合监督管理，督促政府各部门落实行业消防管理责任和消防公共事务管理责任，监督社会单位落实消防安全主体责任。

公安机关消防机构是公安机关负责消防法律法规实施的具体机构，由其负责开展消防监督管理工作。

公安派出所作为公安机关的派出机构，具有点多面广、贴近群众、熟悉情况等优势，做好消防监督管理工作责无旁贷、天经地义。各公安派出所实际上是乡镇、街道等基层政权组织的消防专门监管机构，主要承担"九小"场所等的监督检查任务。各地公安机关应出台相关规定，合理确定消防机构和公安派出所的消防监管权限。有条件的地方可通过立法等形式，赋予公安派出所一定的消防行政处罚和行政强制权限，强化公安派出所消防监督工作。

（二）县级以上人民政府其他有关部门按照管行业必须管安全、管业务必须管安全、管生产经营必须管安全的要求，在各自职责范围内依法依规做好本行业、本系统的消防安全工作。

《实施办法》首次在国家层面，明确规定政府有关部门必须贯彻"管行业必须管安全、管业务必须管安全、管生产经营必须管安全"的要求，做好本部门、本行业、本系统的消防工作。

2013 年 7 月 18 日，习近平总书记在中共中央政治局第二十八次常委会上强调，落实安全生产责任制，要落实行业主管部门直接监管、安全监管部门综合监管、地方政府属地监管，坚持管行业必须管安全、管业务必须管安全、管生产必须管安全。《中共中央 国务院关于推进安全生产领域改革发展的意见》（中发〔2016〕32 号）要求，按照管行业必须管安全、管业务必须管安全、管生产经营必须管安全和谁主管谁负责的原则，厘清安全生产综合监管与行业监管的关系，明确各有关部门安全生产和职业健康工作职责，并落实到部门工作职责规定中。

地方政府有关部门应当认真贯彻落实习近平总书记系列重要指示精神和中央文件要求，坚持"谁主管、谁负责"，在各自职责范围内，做好本部门消防工作。要依据有关法律法规、政策文件和国务院相关规定，切实将消防工作与业务工作同部署、同检查、同落实，结合行业特点和突出问题，制定完善本部门、本行业消防管理规定，建立健全常态化消防检查和宣传培训等机制，提升行业消防管理整体水平，以每个行业系统的安全稳定确保社会安全稳定。

第四条 坚持安全自查、隐患自除、责任自负。机关、团体、企业、事业等单位是消防安全的责任主体，法定代表人、主要负责人或实际控制人是本单位、本场所消防安全责任人，对本单位、本场所消防安全全面负责。

消防安全重点单位应当确定消防安全管理人，组织实施本单位的消防安全管理工作。

【条文解读】

（一）坚持安全自查、隐患自除、责任自负。

这是机关、团体、企业、事业等单位建立并落实消防安全责任制的基本原则。

安全自查是指单位应依据党和国家有关消防工作的方针政策、法律法规以及单位规章制度，定期组织开展防火巡查、检查，及时查找本单位消防工作存在的突出问题和火灾隐患，对单位消防安全状况作出准确评价。

隐患自除是指单位应针对发现的问题和火灾隐患，确定整改措施、期限以及负责整改的部门、人员，落实整改资金，自觉消除隐患，并建立落实防止问题反复和隐患反弹的制度。

责任自负是指单位应对自身的消防安全状况全面负责，对未依法履行消防工作职责或违反消防法律法规和单位消防安全制度的行为，依法承担相应的责任。

（二）机关、团体、企业、事业等单位是消防安全的责任主体。

《中华人民共和国消防法》第二条明确消防工作"单位全面负责"的原则，即单位是自身消防安全的责任主体。

单位是社会的基本单元，也是社会消防管理的基本单元。单位的消防安全管理能力，反映了一个社会的公共消防安全管理水平，在很大程度上决定着一个城市、一个地区的消防安全形势。据统计，90％以上的重特大火灾都发生在社会单位。可以说，抓住了社会单位，就掌握了消防工作的主动权。

一般单位、消防安全重点单位、火灾高危单位应根据消防法律法规要求，履行相应的消防工作职责，落实逐级消防安全责任制和岗位消防安全责任制，明确逐级和岗位消防安全职责，确定各级、各岗位消防安全责任人，推动落实各项消防安全管理措施，确保自身消防安全。

（三）法定代表人、主要负责人或实际控制人是本单位、本场所消防安全责任人，对本单位、本场所消防安全全面负责。

单位、场所的法定代表人、主要负责人、实际控制人处于决策者、指挥者的重要地位，应对本单位、本场所消防安全全面负责、全面管理。单位、场所可以安排副职分管消防工作，但不能因此减轻或免除法定代表人、主要负责人、实际控制人对本单位消防工作所负的责任。对不履行或不按规定履行消防安全职责的法定代表人、主要负责人、实际控制人，依法依规追究责任。

法定代表人是指按照法律或者法人组织章程规定，代表法人行使职权的负责人。

主要负责人是指依照法律法规和有关规定，代表非法人单位行使职权的正职领导。

实际控制人是指通过投资关系、协议或者其他安排，能够实际支配单位、场所行为的人。

实践证明，消防工作作为单位、场所管理的重要内容，涉及各个方面，必须要由法定代表人、主要负责人、实际控制人统一领导、统筹协调，负全面责任，将消防工作纳入工作决策，保障其与生产、科研、经营、管理等工作同步进行、同步发展。单位、场所的法定代表人、主要负责人、实际控制人对消防工作全面负责，不仅是对本单位、本场所的责任，也是对社会应负的责任。

根据《机关、团体、企业、事业单位消防安全管理规定》（公安部令第61号）等规定，消防安全责任人应履行下列职责：①贯彻执行消防法规，保障单位、场所消防安全符合规定，掌握本单位、本场所的消防安全情况；②将消防工作与本单位、本场所的生产、科研、经营、管理等活动统筹安排，批准实施年度消防工作计划；③为本单位、本场所的消防安全提供必要的经费和组织保障；④确定逐级消防安全责任，批准实施消防安全制度和保障消防安全的操作规程；⑤组织防火检查，督促落实火灾隐患整改，及时处理涉及消防安全的重大问题；⑥根据规定建立专职消防队、志愿消防队、微型消防站；⑦组织制定符合本单位、本场所实际的灭火和应急疏散预案，并实施演练。

（四）消防安全重点单位应当确定消防安全管理人，组织实施本单位的消防安全管理工作。

确保单位消防安全，关键是要有消防安全的管理人。《实施办法》吸收近年来的实践经验和国外做法，要求单位建立消防安全管理人制度，这既是工作延续，也是制度创新。

从国外看，一些国家建立了消防安全经理、防火管理者等消防安全管理人制度，取得了明显成效，值得学习借鉴。比如，新加坡建立了消防安全经理制度，新加坡消防法规定，对于建筑面积大于 $5000m^2$ 或超过 1000 人的公共建筑和工业建筑，要求必须配备消防安全经理。消防安全经理必须通过民防学院专业培训，并取得合格证书。目前新加坡有消防安全经理 4600 多人，承担着重点单位的防火安全管理工作。日本实行了防火管理者制度，日本消防法规定，单位要从产权所有者或具有经营管理权的人员中，按照规定的条件选拔防火管理者，并赋予其制定防火措施、灭火预案、检查消防设备、培训义务消防队伍、保持疏散通道畅通、加强火源管理、定期报告工作等义务。日本现有防火管理者 72 万余人，是一支庞大的专业消防管理队伍。

《中华人民共和国消防法》第十七条规定，将发生火灾可能性较大以及发生火灾可能造成重大的人身伤亡或者财产损失的单位确定为消防安全重点单位，消防安全重点单位应当确定消防安全管理人，组织实施本单位的消防安全管理工作。近年来，公安部在火灾高危单位和高层公共建筑推行专职消防安全经理人制度，负责本单位、本建筑消防安全管理，定期开展防火检查巡查，组织实施消防宣传教育培训，制定灭火和应急疏散预案并定期组织演练，取得明显效果。这也是今后我国消防安全管理人制度的发展方向。

消防安全管理人，是指对单位消防安全责任人负责，具体组织和实施单位消防安全管理工作的人员，一般应取得相应的消防职业资格或具备一定的消防安全职业素养。对于未确定消防安全管理人的一般单位，消防安全管理工作由消防安全责任人负责组织实施。

根据《机关、团体、企业、事业单位消防安全管理规定》（公安部令第 61 号）等规定，消防安全管理人应履行下列职责：①拟订年度消防工作计划，组织实施日常消防安全管理工作；②组织制订消防安全制度和保障消防安全的操作规程并检查督促其落实；③拟订消防安全工作的资金投入和组织保障方案；④组织实施防火检查和火灾隐患整改工作；⑤组织实施对本单位消防设施、灭火器材和消防安全标志的维护保养，确保其完好有效，确保疏散通道和安全出口畅通；⑥组织管理专职消防队、志愿消防队、微型消防站；⑦在员工中组织开展消防知识、技能的宣传教育和培训，组织灭火和应急疏散预案的实施和演练；⑧定期向消防安全责任人报告消防安全情况，及时报告涉及消防安全的重大问题；⑨单位消防安全责任人委托的其他消防安全管理工作。

第五条 坚持权责一致、依法履职、失职追责。对不履行或不按规定履行消防安全职责的单位和个人，依法依规追究责任。

【条文解读】

（一）坚持权责一致、依法履职、失职追责。

2012 年 12 月 4 日，习近平总书记在首都各界纪念现行宪法公布施行三十周年大会的讲话中指出，健全权力运行制约和监督体系，有权必有责，用权受监督，失职要问责，违法要追究，保证人民赋予的权力始终用来为人民谋利益。习近平总书记强调，坚持有责必问、问责必严，把监督检查、目标考核、责任追究有机结合起来，形成法规制度执行强大推动力，问责既要对事、也要对人，要问到具体人头上。有权必有责、权责要对等、用权受监督、失职要追责，已成为全面依法治国、建设法治社会的必然要求。

权责一致是指行政权力和法律责任的统一，即消防安全管理人员拥有的权力和其承担的责任应当对等，不能只拥有权力而不履行责任，也不能只要求管理者承担责任而不予以授权。

《中共中央国务院关于推进安全生产领域改革发展的意见》（中发〔2016〕

32号）明确，要依法依规制定各有关部门安全生产权力和责任清单，尽职照单免责、失职照单问责。政府、部门及其工作人员按照法律法规规定的形式、内容、程序和要求履行了消防工作职责的，依法依规免除相应责任。各地可以根据本地区实际，明确消防工作权力、责任清单和免责情形，促进依法履职、主动履职。对于消防违法违规行为和火灾隐患，只要消防等有关部门依法履行监督执法程序，因单位自身不整改而造成火灾事故的，相关职能部门人员就不应承担监管责任。

依法履职是指消防工作参与者要严格按照法律法规和本单位制度规定的形式、内容、程序和要求等，承担其消防安全义务，履行其消防安全职责。

失职追责是指要建立健全严格、完备的消防安全责任追究制度，对不履行或不按规定履行职责的单位和个人，应严格问责追责，切实做到"一厂出事故、万厂受教育，一地有隐患、全国受警示"。

总的来说，"权责一致、依法履职、失职追责"就是要求各级领导和各岗位工作人员依照法律法规和本单位的规章制度，主动、积极、认真、全面行使消防工作职权，履行消防工作职责；对不履行或不按规定履行消防工作职权和职责的，应承担相应的责任。

（二）对不履行或不按规定履行消防安全职责的单位和个人，依法依规追究责任。

习近平总书记多次就安全生产责任追究提出明确要求，要严格事故调查，严肃责任追究；要审时度势、宽严有度，解决失之于软、失之于宽的问题；对责任单位和责任人要打到疼处、痛处，让他们真正痛定思痛、痛改前非，有效防止悲剧重演。

从实践看，当前发生火灾事故的原因多种多样，但大多数情况是由不落实消防安全责任、不履行消防法律法规规定的消防安全职责造成的。鉴于火灾事故对人民群众生命财产造成的严重损失，对不履行或不按规定履行消防安全职责的单位和个人，必须依法依规追究相应责任，发挥警诫和教育作用。

依照有关法律法规，有关责任人应承担的责任包括行政责任、民事责任、刑事责任等。

二、《实施办法》"单位消防安全职责"部分解读

第十五条 机关、团体、企业、事业等单位应当落实消防安全主体责任，履行下列职责：

（一）明确各级、各岗位消防安全责任人及其职责，制定本单位的消防安全制度、消防安全操作规程、灭火和应急疏散预案。定期组织开展灭火和应急疏

散演练，进行消防工作检查考核，保证各项规章制度落实。

（二）保证防火检查巡查、消防设施器材维护保养、建筑消防设施检测、火灾隐患整改、专职或志愿消防队和微型消防站建设等消防工作所需资金的投入。生产经营单位安全费用应当保证适当比例用于消防工作。

（三）按照相关标准配备消防设施、器材，设置消防安全标志，定期检验维修，对建筑消防设施每年至少进行一次全面检测，确保完好有效。设有消防控制室的，实行24小时值班制度，每班不少于2人，并持证上岗。

（四）保障疏散通道、安全出口、消防车通道畅通，保证防火防烟分区、防火间距符合消防技术标准。人员密集场所的门窗不得设置影响逃生和灭火救援的障碍物。保证建筑构件、建筑材料和室内装修装饰材料等符合消防技术标准。

（五）定期开展防火检查、巡查，及时消除火灾隐患。

（六）根据需要建立专职或志愿消防队、微型消防站，加强队伍建设，定期组织训练演练，加强消防装备配备和灭火药剂储备，建立与公安消防队联勤联动机制，提高扑救初起火灾能力。

（七）消防法律、法规、规章以及政策文件规定的其他职责。

【条文解读】 根据《中华人民共和国消防法》《机关、团体、企业、事业单位消防安全管理规定》（公安部令第61号）、《国务院关于加强和改进消防工作的意见》（国发〔2011〕46号）等法律、规章和规范性文件，《实施办法》结合近年来消防工作实践，对机关、团体、企业、事业等单位的消防安全职责进行了梳理总结、补充完善。

（一）明确各级、各岗位消防安全责任人及其职责，制定本单位的消防安全制度、消防安全操作规程、灭火和应急疏散预案。定期组织开展灭火和应急疏散演练，进行消防工作检查考核，保证各项规章制度落实。

（1）明确各级、各岗位消防安全责任人及其职责。

单位应当建立纵向到底、横向到边的全员消防安全责任制，确保消防工作人人有责、各负其责。单位应当根据内部组织构成、岗位设置，逐级、逐岗位确定相应的消防安全责任人，明确各部门的负责人是本部门业务范围内的消防安全责任人，各岗位工作人员对其所在岗位的消防安全负责，建立内容全面、要求清晰、操作方便的各级、各岗位消防安全职责规定。人员调整、岗位变动的，应当及时对消防安全职责内容作出相应修改，以适应单位消防管理的需要。

（2）制定本单位的消防安全制度、消防安全操作规程、灭火和应急疏散预案。

单位的消防安全制度、消防安全操作规程、灭火和应急疏散预案是保证单位日常正常运行，以及发生火灾事故后及时开展救援，防止事故扩大，最大限度减少人员伤亡的基本制度和有效手段，是单位消防安全的重要保障。

1）消防安全制度是指单位制定的在生产、经营、管理等活动中必须遵守的防火灭火、保证消防安全的具体措施和行为准则。

主要包括：消防安全教育培训制度，防火巡查检查制度，安全疏散设施管理制度，消防（控制室）值班制度，消防设施、器材维护管理制度，火灾隐患整改制度，用火用电安全管理制度，易燃易爆危险物品和场所防火防爆制度，专职、志愿消防队和微型消防站组织管理制度，灭火和应急疏散预案演练制度，燃气和电气设备管理制度，消防安全工作考评和奖惩制度等。

2）消防安全操作规程是指单位为确保消防安全，防止发生火灾事故，依据科学规律、机器设备、现场环境、生产经营、工艺流程等制定的安全操作规则和程序。

主要包括：自动消防系统操作规程，电焊、气焊等具有火灾危险作业的操作规程，消防设施检查测试操作规程等。操作规程不仅要指出具体的操作要求和操作方法，而且要指出应当注意或禁止的事项。

3）灭火和应急疏散预案是指单位根据有关法律法规和技术标准，结合本单位消防安全状况和火灾危险性以及可能发生的火灾事故特点，制定的包括灭火行动、通信联络、疏散引导和防护救护等内容的工作预案。

预案的基本要素应当齐全完整，相关信息应当准确。具体内容包括：组织灭火和应急疏散的组织机构、人员职责分工，报警和接警处置程序，应急疏散的组织程序和措施，扑救初起火灾的程序和措施，通信联络、安全防护救护等保障程序和措施等。

规模较大、功能业态复杂、有两个以上业主、使用人或者多个职能部门的公共建筑，应当编制总体预案，各单位或者职能部门应当根据场所、功能分区、岗位实际制定分预案。

（3）定期组织开展灭火和应急疏散演练。

预案只是为实战提供了一个方案，单位要保证在火灾发生时能够及时、协调、有序地开展灭火和应急疏散工作，需要通过经常性的全要素演练提高实战能力和水平。通过定期演练，使单位全员了解、熟悉预案，按照预案确定的组织体系、人员分工，各就各位，各负其责，各尽其职，有序地组织火灾扑救和人员疏散。

根据相关规定，一般单位应当每年至少组织开展一次全要素演练，消防安全重点单位应当每半年至少组织开展一次全要素演练，火灾高危单位应当每季度至少组织开展一次全要素演练。规模较大、功能业态复杂、有两个以上业主、使用人或者多个职能部门的公共建筑，应当每季度至少组织开展一次综合演练

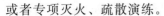

或者专项灭火、疏散演练。

单位组织开展灭火和应急疏散预案演练，应当坚持"全员参与、全要素演练"，通常按照下列程序实施：①演练前，应当告知演练范围内的人员，提前组织演练人员学习预案、明确职责分工；②预设火情启动演练，模拟报警，讲清地址、起火部位、起火物、火势、人员被困情况等，并确定专人在路口、入口引导消防车；③立即组织单位专职、志愿消防队或微型消防站、在场工作人员开展初起火灾扑救；④单位疏散引导员利用疏散引导设施和安全防护装备，及时组织人员疏散，到达安全地点，清点人数，模拟急救；⑤演练后，组织演练人员进行总结讲评，及时对预案进行完善调整。

（4）进行消防工作检查考核，保证各项规章制度落实。

单位应当建立由主要负责人牵头，相关部门负责人及消防安全管理人组成的检查考核机构，建立完善检查考核奖惩机制，定期组织开展检查，每年实施考核，将各岗位消防工作落实情况与单位其他考评奖惩挂钩。

对消防工作成绩突出的部门（班组）和个人，单位应当给予表彰奖励。对未依法履行消防安全职责或者违反单位消防安全制度的行为，应当对责任人给予处分或者其他处理，确保消防安全各项规章制度有效落实。

（二）保证防火检查巡查、消防设施器材维护保养、建筑消防设施检测、火灾隐患整改、专职或志愿消防队和微型消防站建设等消防工作所需资金的投入。生产经营单位安全费用应当保证适当比例用于消防工作。

（1）保证防火检查巡查、消防设施器材维护保养、建筑消防设施检测、火灾隐患整改、专职或志愿消防队和微型消防站建设等消防工作所需资金的投入。

单位开展防火检查巡查、消防设施器材维护保养、建筑消防设施检测、火灾隐患整改、专职或志愿消防队和微型消防站建设等消防工作，都需要一定的资金保障。从实践看，很多单位由于消防工作资金投入不足，消防设施设备带病运转、不能完整好用，消防器材损坏、缺失，防灾抗灾能力下降。还有的单位片面追求经济利益，千方百计减少消防工作资金投入，甚至根本不投入，连基本的消防安全条件都不具备，最终导致火灾事故发生。为此，《实施办法》规定单位必须落实消防工作所需资金投入，确保单位具备良好的消防安全条件，同时，对由于消防工作资金投入不足而导致的后果，承担相应的法律责任。

（2）生产经营单位安全费用应当保证适当比例用于消防工作。

《中华人民共和国安全生产法》第二十条规定，生产经营单位应当按照规定提取和使用安全生产费用，专门用于改善安全生产条件；安全生产费用在成本中据实列支。消防工作作为生产经营单位安全生产的重要内容，消防工作所需经费应当纳入安全生产费用列支范围，依法统筹安排，用于防火检查巡查、消防设施器材维护保养、建筑消防设施检测、火灾隐患整改、专职或志愿消防队和微型消防站建设等工作。

（三）按照相关标准配备消防设施、器材，设置消防安全标志，定期检验维修，对建筑消防设施每年至少进行一次全面检测，确保完好有效。设有消防控制室的，实行24h值班制度，每班不少于2人，并持证上岗。

（1）按照相关标准配备消防设施、器材，设置消防安全标志，定期检验维修，对建筑消防设施每年至少进行一次全面检测，确保完好有效。

1）按照相关标准配备消防设施、器材，设置消防安全标志。消防设施是指火灾自动报警系统、自动灭火系统、消火栓系统、防烟排烟系统以及应急广播和应急照明、安全疏散设施等。

消防器材是指移动的灭火器材、自救逃生器材，包括灭火器、防烟面罩、缓降器、救生器材以及其他灭火工具等。

消防安全标志是指由安全色、边框和以图像为主要特征的图形、符号或文字构成的标志，用以表达与消防安全有关的信息，可分为火灾报警和手动控制装置的标志、火灾时疏散途径的标志、灭火设备的标志、具有火灾爆炸危险的地方或物质的标志、方向辅助标志、文字辅助标志等。

对于这些消防设施、器材、消防安全标志的配备要求，国家均出台了相应的技术标准进行规范，例如《建筑设计防火规范》（GB 50016—2014）、《建筑灭火器配置设计规范》（GB 50140—2005）、《消防安全标志 第1部分：标志》（GB 13495.1—2015）、《火灾自动报警系统设计规范》（GB 50116—2013）、《消防给水及消火栓系统技术规范》（GB 50974—2014）、《气体灭火系统设计规范》（GB 50370—2005）、《自动喷水灭火系统设计规范》（GB 50084—2017）等，单位应当按照国家相关技术标准配备相应的消防设施、器材和消防安全标志。

2）定期检验维修，对建筑消防设施每年至少进行一次全面检测，确保完好有效。各单位应当按照建筑消防设施、器材、安全标志检查和维修保养有关规定的要求，对建筑消防设施、器材的完好有效情况进行检验、维修保养，确保消防设施、器材、安全标志能够充分发挥其预防和扑灭火灾、引导疏散逃生的作用。对技术性要求较高的，单位应当按照国家有关规定委托有资质的专业维修企业进行检验、维修。

《中华人民共和国消防法》第十六条规定，单位应当对建筑消防设施每年至少进行一次全面检测，确保完好有效。建筑消防设施的检测是指对各类建筑消防设施的功能进行测试性检查，并且根据检查结果对建筑消防设施存在或可能存在运行故障、缺损、误动作等问题进行修复和养护，使其完好有效。

《建筑消防设施维护管理》（GB 25201—2010）明确，单位应在各类消防系统投入运行后，每一年年底前委托具备相应资质的消防技术服务机构对全部系统设备、组件开展检测，并将年度检测记录报当地公安消防部门备案。在重大节日、重大活动前或者期间，应当根据需要进行检测。

（2）设有消防控制室的，实行24h值班制度，每班不少于2人，并持证上岗。

消防控制室是指设有火灾自动报警控制设备和消防控制设备，用于接收、显示、处理火灾报警信号，控制相关消防设施的专门处所，是火灾扑救时的信息、指挥中心，也是建筑物内防火、灭火设施的显示控制中心。

消防控制室实行每日24h专人值班制度，每班不应少于2人，确保及时发现并准确处置火灾和故障报警。值班期间，值班人员应当每日检查火灾报警控制器的自检、消音、复位功能以及主备电源切换功能，认真填写值班记录表；确保火灾自动报警系统和灭火系统处于正常工作状态；确保消防储水设施水量充足，确保消防泵出水管阀门、自动喷水灭火系统管道上的阀门常开；确保消防水泵、排烟风机、防火卷帘等消防用电设备的配电柜开关处于自动位置。

值班人员应熟悉值班应急程序，当消防控制室接到火灾报警信号后，立即以最快方式确认；火灾确认后，立即将火灾报警联动控制开关转入自动状态，同时拨打119报警；立即启动单位内部应急灭火、疏散预案，并应同时报告单位负责人。

值班人员应通过消防行业特有工种职业技能鉴定，持有初级技能以上等级的职业资格证书。

（四）保障疏散通道、安全出口、消防车通道畅通，保证防火防烟分区、防火间距符合消防技术标准。人员密集场所的门窗不得设置影响逃生和灭火救援的障碍物。保证建筑构件、建筑材料和室内装修装饰材料等符合消防技术标准。

（1）保障疏散通道、安全出口、消防车通道畅通。

疏散通道是指建筑物的走道、楼梯、连廊等；安全出口是指供人员安全疏散用的楼梯间、室外楼梯的出入口或者直通室内外安全区域的出口；消防车通道是指消防车在实施灭火救援时能够顺利通过的道路。

疏散通道、安全出口、消防车通道是发生火灾后人员逃生和实施救援的生命通道。近几年一些火灾事故导致群死群伤，就是由于单位严重忽视安全疏散设施的管理，违反消防法律法规，人为锁闭安全出口，堵塞疏散通道和消防车通道等造成的。因此，各单位有责任保障疏散通道、安全出口、消防车通道的畅通。任何单位和个人都不得有占用、堵塞、封闭疏散通道、安全出口、消防车通道等妨碍畅通的行为。

（2）保证防火防烟分区、防火间距符合消防技术标准。

　　防火分区是指在建筑内部采用防火墙、耐火楼板及其他防火分隔设施分隔而成，能在一定时间内防止火灾向同一建筑内的其他部分蔓延的局部空间。

　　防烟分区是指在建筑内部屋顶或者顶部、吊顶下采用具有挡烟功能的构配件进行分隔所形成的，具有一定蓄烟功能的空间。

　　防火间距是指防止着火建筑的辐射热在一定时间内引燃相邻建筑，且便于火灾扑救的间隔距离。

　　防火防烟分区和防火间距都是火灾中防止火灾蔓延扩大的重要保障。

　　《建筑设计防火规范》（GB 50016—2014）等消防技术标准对建筑内部防火防烟分区以及不同建筑之间的防火间距均作了明确规定。但从现实情况看，部分单位和个人为了追求经济利益或者装饰效果，擅自扩大防火防烟分区，占用防火间距，导致火灾发生后蔓延扩大。为此，本项规定单位应当保证防火防烟分区、防火间距符合消防技术标准。

　　（3）人员密集场所的门窗不得设置影响逃生和灭火救援的障碍物。

　　人员密集场所是指公众聚集场所，如医院的门诊楼、病房楼，学校的教学楼、图书馆、食堂和集体宿舍，养老院，福利院，托儿所，幼儿园，公共图书馆的阅览室，公共展览馆、博物馆的展示厅，劳动密集型企业的生产加工车间和员工集体宿舍，旅游、宗教活动场所等。

　　这些场所人流量大，人员逃生和灭火救援本身就较为困难，但一些单位无视消防安全，违规在建筑外墙设置广告牌、装饰物、栅栏等障碍物遮挡、封闭门窗，严重影响人员逃生和灭火救援，一旦发生火灾，极易造成群死群伤的严重后果。《中华人民共和国消防法》第二十八条规定，人员密集场所的门窗不得设置影响逃生和灭火救援的障碍物。《实施办法》重申了这一禁止性规定。

　　（4）保证建筑构件、建筑材料和室内装修装饰材料等符合消防技术标准。

　　建筑构件是指用于组成建筑物的梁、楼板、柱、墙、楼梯、屋顶承重构件、吊顶等。建筑材料按其使用功能分为建筑装修装饰材料、保温隔声等功能性材料、管道材料等。

　　符合消防技术标准主要是指建筑构件、建筑材料和室内装修装饰材料的防火性能必须符合消防技术标准。具体来说，应当符合《建筑设计防火规范》（GB 50016—2014）对建筑构件、建筑材料的耐火极限和建筑耐火等级的要求，以及《建筑内部装修设计防火规范》（GB 50222—2001）对各类建筑顶棚、墙面、地面、隔断以及固定家具、窗帘、帷幕、床罩、家具包布、固定饰物等装修、装修材料燃烧性能的要求。

　　（五）定期开展防火检查、巡查，及时消除火灾隐患。

　　（1）防火检查是指单位组织对本单位消防安全状况进行的检查，是单位在消防安全方面进行自我管理、自我约束的一种主要形式。为了减少和避免火灾事故的发生，单位有必要经常对本单位进行全面的防火检查，发现本单位所属部门、岗位、人员违反消防法律、法规、规章、消防安全制度、消防安全操作规程的行为，以及可能造成火灾危害的隐患，并根据实际情况采取有效措施落实整改，保证本单位的消防安全。

机关、团体、事业单位应当至少每季度进行一次防火检查，其他单位应当至少每月进行一次防火检查。防火检查内容包括：火灾隐患的整改情况以及防范措施的落实情况，安全疏散通道、疏散指示标志、应急照明和安全出口情况，消防车通道、消防水源情况，灭火器材配置及有效情况，用火、用电有无违章情况，重点工种人员以及其他员工消防知识的掌握情况，消防安全重点部位的管理情况，易燃易爆危险物品和场所防火防爆措施的落实情况以及其他重要物资的防火安全情况，消防（控制室）值班情况和设施运行、记录情况，防火巡查情况，消防安全标志的设置和完好、有效情况等。防火检查应当填写检查记录，检查人员和被检查部门负责人应当在检查记录上签名。

（2）防火巡查是指单位消防安全的值班、保卫人员根据单位的实际情况所开展的，按照一定的频次和路线，对员工遵守消防安全制度、安全操作规程以及消防安全重点部位、场所、防火重点岗位、工序的火灾防范措施落实等情况进行的巡视检查，以便及时发现火灾隐患和火灾苗头，扑救初起火灾。

单位应当定期开展防火巡查。消防安全重点单位防火巡查应当至少每日一次。会众聚集场所在营业期间的防火巡查应当至少每两小时一次，营业结束时应当对营业现场进行检查，消除遗留火种。医院、养老院、寄宿制的学校、托儿所、幼儿园应当加强夜间防火巡查，其他消防安全重点单位可以结合实际组织夜间防火巡查。

防火巡查内容包括：员工遵守防火安全制度情况，用火、用电有无违章情况，安全出口、疏散通道是否畅通，安全疏散指示标志、应急照明是否完好，消防设施、器材和消防安全标志是否在位、完整、有效，常闭式防火门是否处于关闭状态，防火卷帘下是否堆放物品、影响使用，消防安全重点部位的人员在岗情况等。防火巡查人员应当及时纠正违章行为，妥善处置火灾危险，无法当场处置的，应当立即报告，发现初起火灾应当立即报警并及时扑救。防火巡查应当填写巡查记录，巡查人员及其主管人员应当在巡查记录上签名。

（3）及时消除火灾隐患。

《机关、团体、企业、事业单位消防安全管理规定》（公安部令第61号）第三十条规定，单位对存在的火灾隐患应当及时予以消除。单位在开展防火检查、巡查时，发现下列情形的，检查、巡查人员应当责成有关人员当场改正：①违章进入生产、储存易燃易爆危险物品场所的；②违章使用明火作业或者在具有火灾、爆炸危险的场所吸烟、使用明火等违反禁令的；③将安全出口上锁、遮挡，或者占用、堆放物品影响疏散通道畅通的；④消火栓、灭火器材被遮挡影响使用或者被挪作他用的；⑤常闭式防火门处于开启状态，防火卷帘下堆放物品影响使用的；⑥消防设施管理、值班人员和防火巡查人员脱岗的；⑦违章关闭消防设施、切断消防电源的；⑧私拉乱接电气线路，违章使用大功率电器影响用电安全的；⑨其他可以当场改正的行为。

单位对难以当场改正的火灾隐患，应当由消防工作归口管理职能部门或者专兼职消防管理人员根据本单位的管理分工及时向单位的消防安全管理人或者消防安全责任人报告，提出整改方案。消防安全管理人或者消防安全责任人应当确定整改的措施、期限以及负责整改的部门、人员，并落实整改资金，组织实施整改。在火灾隐患未消除之前，单位应当落实防范措施，保障消防安全。不能确保消防安全，随时可能引发火灾或者一旦发生火灾将严重危及人身安全的，应当停止使用危险部位。

（六）根据需要建立专职或志愿消防队、微型消防站，加强队伍建设，定期组织训练演练，加强消防装备配备和灭火药剂储备，建立与公安消防队联勤联动机制，提高扑救初起火灾能力。

（1）根据需要建立专职或志愿消防队、微型消防站。

这里的"根据需要"有两层含义：一方面，国家法律法规和政策性文件明确规定应当建立的，必须依法依规落实；另一方面，没有相关规定的，单位应当结合自身实际需要建立。

《中华人民共和国消防法》第三十九条规定，下列单位应当建立单位专职消防队，承担本单位的火灾扑救工作：①大型核设施单位、大型发电厂、民用机场、主要港口；②生产、储存易燃易爆危险品的大型企业；③储备可燃重要物资的大型仓库、基地；④火灾危险性较大、距离公安消防队较远的其他大型企业；⑤距离公安消防队较远、被列为全国重点文物保护单位的古建筑群的管理单位。

单位专职消防队的建立应当符合国家有关规定，并报当地公安机关消防机构验收。一般来说，如果单位不属于应当建立专职消防队的单位，为了预防和扑救初起火灾，实现"救早、救小、救初期"，单位应当建立志愿消防队、微型消防站等消防组织，开展自防自救工作。

（2）加强队伍建设，定期组织训练演练，加强消防装备配备和灭火药剂储备，建立与公安消防队联勤联动机制，提高扑救初起火灾能力。

针对单位特点定期组织开展训练演练是提高队伍火灾扑救和应急处置能力

的重要途径。加强消防装备配备和灭火药剂储备是确保队伍有效处置火灾的物质保障。建立与公安消防队联勤联动机制，一方面要求单位专职或志愿消防队、微型消防站主动接受公安消防队的业务指导、技能培训；另一方面要求相关力量主动接受公安消防队的统一指挥，接到公安消防队调动指令时，应当迅速出动力量，听从调度指挥，合力联动灭火。

第十六条 消防安全重点单位除履行第十五条规定的职责外，还应当履行下列职责：

（一）明确承担消防安全管理工作的机构和消防安全管理人并报知当地公安消防部门，组织实施本单位消防安全管理。消防安全管理人应当经过消防培训。

（二）建立消防档案，确定消防安全重点部位，设置防火标志，实行严格管理。

（三）安装、使用电器产品、燃气用具和敷设电气线路、管线必须符合相关标准和用电、用气安全管理规定，并定期维护保养、检测。

（四）组织员工进行岗前消防安全培训，定期组织消防安全培训和疏散演练。

（五）根据需要建立微型消防站，积极参与消防安全区域联防联控，提高自防自救能力。

（六）积极应用消防远程监控、电气火灾监测、物联网技术等技防物防措施。

【条文解读】

（一）明确承担消防安全管理工作的机构和消防安全管理人并报知当地公安消防部门，组织实施本单位消防安全管理。消防安全管理人应当经过消防培训。

（1）明确承担消防安全管理工作的机构和消防安全管理人并报知当地公安消防部门，组织实施本单位消防安全管理。

消防安全管理工作机构是指单位内部设置的负责日常消防安全管理事务的部门。

消防安全管理人是指在本单位负有一定领导职务和权限，在单位主要负责人授权范围内，具体组织实施本单位消防安全管理工作，并对主要负责人负责的人员。

消防安全重点单位一般规模较大，而多数单位的主要负责人不可能对所有消防工作事项亲力亲为，为了确保消防安全工作切实有人抓，消防安全重点单位应当确定消防安全管理人具体领导，消防安全管理工作机构具体组织实施本单位的消防安全工作。消防安全管理工作机构、消防安全管理人是对消防工作"一把手"负责制的必要补充。《实施办法》第四条条文解读中，具体解读了消防安全管理人应当承担的职责。

本项规定单位将消防安全管理工作机构和消防安全管理人报知当地公安消防部门，其目的是便于公安消防部门全面掌握消防安全重点单位消防安全管理工作机构、消防安全管理人的设立、人员构成、人员培训、人员调整等情况，指导、推动单位更好地落实消防安全管理职责。

（2）消防安全管理人应当经过消防培训。消防安全管理人是本单位直接、具体承担本单位日常消防安全管理工作的领导，应当具备与所从事的生产经营活动相适应的消防安全知识和管理能力，这也是一项原则性要求。

消防培训是指消防安全管理人应当参加公安消防部门或具有消防培训资质的社会消防培训机构组织开展的专门培训，同时，也鼓励消防安全管理人取得注册消防工程师执业资格，提高消防工作管理水平。

（二）建立消防档案，确定消防安全重点部位，设置防火标志，实行严格管理。

（1）建立消防档案指单位从事消防工作形成的各种文字、图表、声像等不同形式的记录，包括消防安全基本情况和消防安全管理情况。

消防安全基本情况主要包括：单位基本概况和消防安全重点部位情况；建筑物或者场所施工、使用或者开业前的消防设计审核、消防验收以及消防安全检查的文件、资料；消防管理工作机构和各级消防安全责任人；消防安全制度；消防设施、灭火器材情况；专职消防队、志愿消防队人员及其消防装备配备情况；与消防安全有关的重点工种人员情况；新增消防产品、防火材料的合格证明材料；灭火和应急疏散预案等。

消防安全管理情况主要包括：公安机关消防机构填发的各种法律文书；消防设施定期检查记录、自动消防设施全面检查测试的报告以及维修保养的记录；火灾隐患及其整改情况记录；消防控制室值班记录；防火检查、巡查记录；有关燃气、电气设备检测（包括防雷、防静电）等记录资料；消防安全培训记录；灭火和应急疏散预案的演练记录；火灾情况记录；消防奖惩情况记录等。

消防档案应当翔实、全面反映单位消防工作的基本情况，并附有必要的图表，根据情况变化及时更新。对于进行检查的，应当记明检查的人员、时间、部位、内容、发现的火灾隐患以及处理措施等；对于进行培训和演练的，也应当记录培训和演练的时间、地点、内容、参加部门以及人员等情况。消防档案统一保管、备查。

（2）确定消防安全重点部位。消防安全重点部位是单位内部人员集中、物资集中、容易发生火灾或者发生火灾后影响全局的部位和场所，主要包括：①人员集中的场所，如公众聚集的文化、体育、娱乐场所，集体宿舍，施工地工棚，医院，食堂，招待所，幼儿园等；②物资集中的场所，如各种物品的库房、堆场、集放地、储藏室，先进设备的生产车间实验室；③容易发生火灾的场所，如油漆、喷漆、油浸工作场所，喷灯、电气焊割等明火作业的工作场所，化工、化验、木工、粉尘等火灾高度危险性场所，易燃、易爆、危险化学品的生产、使用、储存、销售的站、店、库等场所；④发生火灾后影响全局的场所，如变配电室，消防控制室，广播总控室，生产总控室，调度室，计算机房，供气、供水、供电的调度室，档案资料中心，重要精密仪器设备室。

（3）设置防火标志。防火标志是指以文字、符号、图形表达防火信息的制式载体。

消防安全重点部位必须依法设置防火标志，建立明确的消防安全责任制和专门的消防安全管理制度，并根据重点部位的重要程度和火灾危险性采取人防、物防、技防手段，做到定点、定人、定措施，确保消防安全。

（三）安装、使用电器产品、燃气用具和敷设电气线路、管线必须符合相关标准和用电、用气安全管理规定，并定期维护保养、检测。

电器产品、燃气用具是日常生活和单位平时工作中经常使用的。实践中，电器产品、燃气用具安装、使用不当，电气线路、管线敷设不符合相关标准和规定，极易引起火灾发生。近年来国家颁布的一系列有关电器产品、燃气用具的管理规定，如《中华人民共和国电力法》《电力设施保护条例》《电力设计规范》《城市燃气安全管理规定》《城市燃气管理办法》《燃气燃烧器具安装维修管理规定》《液化石油气安全管理暂行规定》等，均对安全用电、用气做出了明确的规定。为此，《实施办法》明确相关设施、设备在安装、使用环节应当符合相关标准，落实定期维护保养制度，定期进行检测，确保消防安全。

（1）电器产品使用安全。电器产品是指接通和断开电路或控制、调节、保护电路和设备的电工器具或装置，如开关、变阻器、插座等，以及日常生活中以电作能源的器具，如照明灯具、电视机、电冰箱等。

对于电器产品，安装时应当保证产品的电压必须和电源电压相符，同时要做好接地保护等措施；电源线要选择适当，防止绝缘损坏或接触不良；对线路和插座、插头要进行检查维修，使之始终处于良好运行状态；在使用中，发现有烧焦、冒烟和异常声响，应立即停止运行，及时检查维修，排除故障。

（2）燃气用具使用安全。燃气用具是指生产、生活中使用的天然气、液化石油气、人工煤气（煤制气、重油制气）等气体燃料的器具及其配件。

在安装燃气用具时，管线阀门必须完整好用，各部位不漏气；天然气连接导管两端必须用金属丝缠紧，严禁使用不耐油的橡胶管线作连接导管。液化石油气钢瓶不得存放在住人的房间、办公区域等人员稠密的公共场所；严禁在卧室安装燃气管道设施和使用燃气；用户不得用任何手段加热和摔、砸、倒卧液化石油气钢瓶，不得自行倒罐、排残和拆修瓶阀等附件。

（3）电气线路的敷设安全。电气系统中安装线路要由电工负责，不能随意乱拉电线或接入过多、功率过大的电气设备；在线路上应按规定安装断路器或熔断器，以便在线路发生短路时能及时、可靠地切断电源；电线绝缘必须符合线路电压的要求。

在室内正常干燥场所，导线的布线方式应根据不同情况，敷设绝缘线、瓷珠、瓷夹板、木槽板明布线或绝缘线穿管明布、暗布；在潮湿和特别潮湿场所，应当敷设绝缘线穿塑料管、钢管明布、暗布或电缆明布；在有火灾危险的场所，应当敷设绝缘线瓷瓶明布线或电缆明布，放入电缆沟中。

（4）燃气管线的敷设安全。燃气工程的设计、施工必须由持有相应资质证书的单位承担，按照国家或主管部门的相关安全技术标准规定进行。

室内煤气管道不宜敷设在地下室和楼梯间内；室内煤气管道不应设在潮湿或有腐蚀性介质的室内，必须敷设时，应采取防腐措施；室内煤气管道应采用镀锌钢管，不应穿过卧室、浴室；煤气炉灶不得在地下室或住人的室内使用；煤气炉灶与管道的连接不宜采用软管；从事城市管道燃气供应的企业必须严密监督检测管道的运行情况，以防管道漏气酿成火灾爆炸事故。

（四）组织员工进行岗前消防安全培训，定期组织消防安全培训和疏散演练。

（1）定期组织员工消防安全培训。消防安全重点单位应当按照《机关、团体、企业、事业单位消防安全管理规定》（公安部令第61号），每年对全体员工开展一次全面消防安全培训，新入职员工应当经过消防安全培训后方能上岗，未培训或培训不合格的不得上岗。

培训的对象主要包括：各级、各岗位消防安全管理人，自动消防设施操作人员，专职或志愿消防队、微型消防站队员，保安人员，重点岗位工种人员（如电工，电气焊工，油漆工，仓库管理员，客房服务员，易燃易爆危险物品的生产、储存、运输、销售从业人员）等。

培训的内容主要包括：消防法律法规、消防安全制度和保障消防安全的操作规程；本单位、本岗位的火灾危险性和防火措施；消防设施的性能、灭火器材的使用方法；扑救初起火灾的方法、组织疏散和自防自救的知识。

（2）定期组织疏散演练。消防安全重点单位应当按照灭火和应急疏散预案至少每半年进行一次演练；重点对灭火和应急疏散组织领导，灭火行动组、通信联络组、疏散引导组、安全防护救护组运作和配合，报警和接警处置程序，应急疏散的组织程序和措施，扑救初起火灾的程序和措施，通信联络，安全防

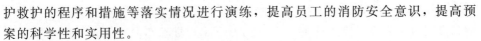

护救护的程序和措施等落实情况进行演练，提高员工的消防安全意识，提高预案的科学性和实用性。

（五）根据需要建立微型消防站，积极参与消防安全区域联防联控，提高自防自救能力。

（1）微型消防站是指依托消防安全重点单位志愿消防队，配备必要的消防器材，积极开展防火巡查和初起火灾扑救等火灾防控工作的消防组织。

微型消防站的设置要求包括：①微型消防站人员配备不少于6人，设站长、副站长、消防员等岗位，配有消防车辆的应设驾驶员岗位；②站长应由单位消防安全管理人兼任，消防员负责防火巡查和初起火灾扑救工作；③微型消防站人员应当接受岗前培训，熟练掌握扑救初起火灾业务技能、防火巡查基本知识；④应设置人员值守、器材存放等用房，可与消防控制室合用，有条件的可单独设置；⑤应根据扑救初起火灾需要配备一定数量的灭火器、水枪、水带等灭火器材，配置外线电话、手持对讲机等通信器材，有条件的站点可选配消防头盔、灭火防护服、防护靴、破拆工具、消防车辆等；⑥应在建筑物内部和避难层设置消防器材存放点，可根据需要在建筑之间分区域设置消防器材存放点。

（2）消防安全区域联防联控是指按照"位置相邻"或"行业相近"的原则，划定范围组成一个消防联防区域，建立微型消防站区域联防制度和通信联络、应急响应机制，定期开展应急调度、联合作战、战斗支援等方面的演练，逐步实现联防区域内"一点着火、多点出动、协同作战"。

（六）积极应用消防远程监控、电气火灾监测、物联网技术等技防物防措施。

运用现代科技手段研究破解消防工作的重大技术难题，是提升单位火灾防控水平的有效途径，消防安全重点单位应当结合本单位实际，积极应用消防远程监控、电气火灾监测、物联网技术等技防物防措施，提升自防自救能力。

（1）消防远程监控是指通过现代通信网络将各建筑物内独立的火灾自动报警系统联网，并综合运用地理信息系统、数字视频监控等信息技术，在监控中心内对所有联网建筑物的火灾报警情况进行实时监测、对消防设施进行集中管理的消防信息化应用系统。

根据《城市消防远程监控系统技术规范》（GB 50440—2007），该系统依托于物联网，根据实现系统的监控中心与社会单位联网，对联网用户的火灾报警信息、建筑消防设施运行状态信息、消防安全管理信息进行接收、处理和管理，为城市消防通信指挥中心或其他接处警中心发送经确认的火灾报警信息，为公安消防部门提供查询，并为联网用户提供信息服务。

近年来，国内各城市相继建立了城市消防远程监控系统，消防远程监控系统作为加强公共消防安全管理的一项重要科技手段，对提高单位消防安全水平、前移火灾预防关口、快速处置火灾、实现消防监督工作的科技化、提高城市防控火灾综合能力发挥了十分重要的作用。

（2）电气火灾监测系统由一台主控机和若干个剩余电流式火灾报警装置、总线隔离器经双总线连接而成，当被保护线路中的剩余电流式火灾报警装置探测的接地故障电流超过预设值时，经过分析、确认，发出声、光报警信号和控制信号，能够同时把接地故障信号通过总线在数秒钟之内传递给主控机，主控机发出声、光报警信号和控制信号，显示屏显示报警地址，记录并保存报警和控制信息。

近年来，全国电气火灾事故居高不下，有关专家积极呼吁尽快采取有效的技术防范措施，遏制电气火灾的上升势头。因此，消防安全重点单位积极应用电气火灾监测系统对有效预防电气火灾事故发生具有重要意义。

（3）消防物联网技术是指利用物联网技术把消防设备整合，通过无线终端、业务平台和传感探测设备（烟感、紧急救助按钮等）将消防设施与社会化消防监督管理和公安消防部门灭火救援涉及的各种要素所需的消防信息连接起来，构建高感度的消防基础环境，实现实时、动态、互动、融合的消防信息采集、传递和处理，达到火灾事故和紧急事件的远程智能监控和救助的目标，全面促进与提高政府及相关机构实施社会消防监督与管理水平，显著增强公安机关消防机构灭火救援的指挥、调度、决策和处置能力。

第十七条　对容易造成群死群伤火灾的人员密集场所、易燃易爆单位和高层、地下公共建筑等火灾高危单位，除履行第十五条、第十六条规定的职责外，还应当履行下列职责：

（一）定期召开消防安全工作例会，研究本单位消防工作，处理涉及消防经费投入、消防设施设备购置、火灾隐患整改等重大问题。

（二）鼓励消防安全管理人取得注册消防工程师执业资格，消防安全责任人和特有工种人员须经消防安全培训；自动消防设施操作人员应取得建（构）筑物消防员资格证书。

（三）专职消防队或微型消防站应当根据本单位火灾危险特性配备相应的消防装备器材，储备足够的灭火救援药剂和物资，定期组织消防业务学习和灭火技能训练。

（四）按照国家标准配备应急逃生设施设备和疏散引导器材。

（五）建立消防安全评估制度，由具有资质的机构定期开展评估，评估结果向社会公开。

（六）参加火灾公众责任保险。

【条文解读】

火灾高危单位是指容易造成群死群伤火灾的人员密集场所、易燃易爆单位和高层、地下公共建筑等单位，是消防安全重点单位中的重点。目前，消防安全重点单位数量众多，但单位规模和危险程度差异很大，特别是一些超出规范、通过性能化设计建设的高层、地下建筑和商（市）场、石油化工企业等单位，火灾危险性极大，一旦发生火灾难以扑救，容易导致群死群伤，造成极大影响。因此，对火灾高危单位的消防安全管理不能等同于其他消防安全重点单位，必须从软件到硬件，从人防、物防、技防等方面提出更加严格的管控措施。

目前，各省、自治区、直辖市都结合本地实际，制定出台了政府规章或规范性文件，对本地火灾高危单位的范围进行了界定，提出了更加严格的消防安全要求，在强化火灾高危单位消防安全管理方面收到了很好效果。为此，《实施办法》总结各地的经验做法，对火灾高危单位在落实人防、物防、技防措施方面提出了具体要求。

（一）定期召开消防安全工作例会，研究本单位消防工作，处理涉及消防经费投入、消防设施设备购置、火灾隐患整改等重大问题。

火灾高危单位的消防安全责任人应当每季度组织本单位消防安全管理人和各级、各部门消防安全责任人召开消防安全工作例会，听取消防安全归口部门负责人和各部门的消防工作情况汇报，掌握本单位消防工作开展情况和存在的火灾隐患状况，研究解决消防经费投入、消防设施设备购置、火灾隐患整改等重大问题，对下一季度的消防工作进行部署安排。

（二）鼓励消防安全管理人取得注册消防工程师执业资格，消防安全责任人和特有工种人员须经消防安全培训；自动消防设施操作人员应取得建（构）筑物消防员资格证书。

（1）鼓励消防安全管理人取得注册消防工程师执业资格。注册消防工程师是指取得相应级别注册消防工程师资格证书并依法注册后，从事消防设施维护保养检测、消防安全评估和消防安全管理等工作的专业技术人员。

消防安全管理人应当具备与火灾高危单位管理相适应的消防安全知识和管理能力，包括：①认真落实有关消防法律法规、消防技术标准，以及本单位有关的消防安全规章制度、操作规程；②掌握本单位消防设施的运行状况和检查操作流程；③经过消防安全专门培训，具有从事本行业工作的经验，熟悉和掌握消防安全知识和单位存在的主要火灾风险；④具有一定的组织管理能力，能较好地组织和领导消防工作。

《实施办法》鼓励消防安全管理人取得注册消防工程师执业资格，逐步推动火灾高危单位消防管理专业化，有效提升消防管理水平。

（2）消防安全责任人和特有工种人员须经消防安全培训。《机关、团体、企业、事业单位消防安全管理规定》（公安部令第 61 号）第三十八条规定，单位的消防安全责任人应当接受消防安全专门培训。单位从事电焊、气焊等特有工种人员应经过消防安全培训，掌握本岗位的火灾危险性、安全操作规程和应急处置程序，提高消防安全素质。

（3）自动消防设施操作人员应取得建（构）筑物消防员资格证书。自动消防设施操作人员是指对火灾自动报警、室内消火栓给水系统、自动喷水灭火系统等相关消防自动设施设备的控制设备进行检查操作和日常管理的人员。自动消防设施操作具有很强的专业性、技术性，对操作人员履职能力有特殊要求，必须持证上岗。

《中华人民共和国消防法》第二十一条规定，自动消防系统的操作人员必须持证上岗。《人力资源社会保障部关于公布国家职业资格目录的通知》（人社部发〔2016〕68 号）将消防设施操作员纳入了准入类职业资格。自动消防设施操作人员应依法通过消防行业特有工种职业技能鉴定，持有初级以上的职业资格证书。

（三）专职消防队或微型消防站应当根据本单位火灾危险特性配备相应的消防装备器材，储备足够的灭火救援药剂和物资，定期组织消防业务学习和灭火技能训练。

专职消防队应当按照《城市消防站建设标准》（建标 152—2017）和本单位火灾危险特性配备消防车辆、灭火器材、抢险救援器材、基本防护装备、特种防护装备、通信装备、训练器材、灭火药剂等装备物资。微型消防站应当配备一定数量的灭火器、水枪、水带等灭火器材；配置外线电话、手持对讲机等通信器材；有条件的可选配消防头盔、灭火防护服、防护靴、破拆工具等器材和消防车辆。

专职消防队应以单独编队执勤为主，实行 24h 执勤制度，并参照公安消防队的有关规定建立执勤、训练、工作、生活制度，保证执勤训练、灭火救援和其他任务的完成。专职消防队员可执行不定时工作制或轮值班制。微型消防站应定期组织包括体能训练、灭火器材和个人防护器材的使用在内的执勤训练。

（四）按照国家标准配备应急逃生设施设备和疏散引导器材。

火灾高危单位体量大、火灾负荷高、人员疏散难，为减少火灾情况下人员伤亡，火灾高危单位应结合本单位实际，强化安全疏散设施配置管理，标明消防安全疏散指示标志，主要疏散通道应当设置不间断的疏散指示带；设置临时避难区域，配备防毒面具、缓降器等逃生设备；积极采用城市消防远程监控系统、安全控制与报警逃生门锁系统、消防安全巡查管理系统等技防措施；按楼

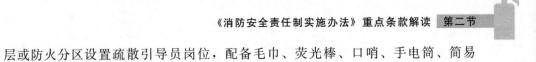

层或防火分区设置疏散引导员岗位，配备毛巾、荧光棒、口哨、手电筒、简易呼吸器面罩和逃生绳等设备，确保发生火灾时有序引导人员逃生。

（五）建立消防安全评估制度，由具有资质的机构定期开展评估，评估结果向社会公开。

消防安全评估是指由具有资质的消防安全评估机构对社会单位、场所、工矿企业等机构的消防安全综合情况进行评估，并针对评估结果，依据消防法律法规、技术规范提出解决措施的服务活动。

目前，不少火灾高危单位消防安全责任不落实，消防安全投入不足，火灾防控措施不落实，消防安全违法行为屡纠屡犯、火灾隐患屡改屡生，消防安全守信成本高、违法成本低的问题比较突出，需要动员全社会力量强化监督，推动单位树立消防安全自我管理、自我约束的主体意识。

实行消防安全评估，能够让火灾高危单位全面掌握本单位消防安全状况，发现本单位消防安全问题和薄弱环节，为单位强化自身消防安全管理提供指导性意见。同时，公安消防部门通过掌握评估结果，可以全面了解火灾高危单位的消防安全管理情况，为开展针对性的监督管理提供客观依据。

将火灾高危单位的消防安全评估结果作为单位信用评级的重要参考依据，并向社会公开，进一步接受社会监督，主要目的是依靠市场经济内在力量，形成对失信者的社会联防和惩戒，使失信者"一处失信、寸步难行"。

消防安全评估也是消防监督管理模式的改革。消防安全评估机构提前介入消防安全管理过程，依法对单位消防安全评估结果承担责任，公安机关消防机构在进行行政审批或消防监督检查时，只检查单位是否经评估合格，而不必对所有消防安全内容进行检查，这样就节约了大量警力，降低了行政成本，是消防工作发展的必然趋势。

（六）参加火灾公众责任保险。

火灾公众责任保险是指在保险期间内，被保险人在保险合同载明的场所内依法从事生产、经营等活动时，因该场所内发生火灾、爆炸造成第三者人身损害，依照法律应由被保险人承担的人身损害经济赔偿责任，保险人按照保险合同约定负责赔偿。

发展火灾公众责任保险，就是通过市场化的风险转移机制，用商业手段解决责任赔偿等方面的法律纠纷，使受害企业和群众尽快恢复正常生产生活秩序，对于切实保护公民合法权益，促进社会和谐稳定具有重要的现实意义。

目前，大多数火灾高危单位没有投保火灾公众责任保险，一旦发生火灾，往往无力承担对火灾受害人的赔偿责任，多数是由当地政府"兜底包揽"对伤亡人员的救助和赔偿。一些重特大火灾尤其是群死群伤火灾事故涉及群体利益，赔偿金额巨大，如果受害人得不到及时赔偿，极有可能引发群体性事件，地方政府为了维护社会稳定，不得不代单位履行赔偿责任，增加了地方政府的经济负担。

《实施办法》的这一规定为进一步发展规范火灾公众责任保险提供了政策依据，就是要通过市场化的风险转移机制，用商业手段解决责任赔偿等方面的法律纠纷，使受害企业和群众尽快恢复正常生产生活秩序，对于切实保护公民合法权益，促进社会和谐稳定具有重要的现实意义。

第十八条 同一建筑物由两个以上单位管理或使用的，应当明确各方的消防安全责任，并确定责任人对共用的疏散通道、安全出口、建筑消防设施和消防车通道进行统一管理。

物业服务企业应当按照合同约定提供消防安全防范服务，对管理区域内的共用消防设施和疏散通道、安全出口、消防车通道进行维护管理，及时劝阻和制止占用、堵塞、封闭疏散通道、安全出口、消防车通道等行为，劝阻和制止无效的，立即向公安机关等主管部门报告。定期开展防火检查巡查和消防宣传教育。

【条文解读】

（一）同一建筑物由两个以上单位管理或使用的，应当明确各方的消防安全责任，并确定责任人对共用的疏散通道、安全出口、建筑消防设施和消防车通道进行统一管理。

同一个建筑由两个以上单位管理或者使用的情况较为常见，有的建筑物本身就是多产权，有的是产权单位通过租赁将建筑物的全部或者一部分出租给其他单位，导致管理、使用权相互交织，这类建筑由于涉及多家单位，而且有的产权、使用权和管理权分离，容易导致在管理上相互推诿，在经费投入上相互扯皮，致使消防安全管理责任落不到实处，消防设施的配置和维护不到位，消防安全普遍存在严重问题。

多主体建筑虽然各个主体有自己独立的管理和使用范围，但根据建筑的使用性质和规范要求，在消防安全上，有些消防设施在建筑设计和建造中就是由整个建筑共同使用的，如建筑周围的消防车通道、建筑内部共用疏散楼梯、安全出口以及室内、室外消防栓、自动消防设施等，如果平时的维护管理职责不清、责任不落实，必然会影响到整个建筑消防安全。

《中华人民共和国消防法》第十八条、《机关、团体、企业、事业单位消防安全管理规定》（公安部令第 61 号）第九条就两个以上单位管理或者使用同一建筑物的消防安全要求均作了规定。因此，《实施办法》对有关各方消防安全责任予以明确，同一建筑物由两个以上单位管理或者使用的，应当：①明确各方

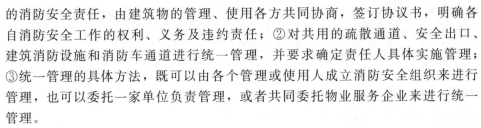

的消防安全责任，由建筑物的管理、使用各方共同协商，签订协议书，明确各自消防安全工作的权利、义务及违约责任；②对共用的疏散通道、安全出口、建筑消防设施和消防车通道进行统一管理，并要求确定责任人具体实施管理；③统一管理的具体方法，既可以由各个管理或使用人成立消防安全组织来进行管理，也可以委托一家单位负责管理，或者共同委托物业服务企业来进行统一管理。

（二）物业服务企业应当按照合同约定提供消防安全防范服务，对管理区域内的共用消防设施和疏散通道、安全出口、消防车通道进行维护管理，及时劝阻和制止占用、堵塞、封闭疏散通道、安全出口、消防车通道等行为，劝阻和制止无效的，立即向公安机关等主管部门报告。

《物业管理条例》规定，业主通过选聘物业服务企业，由业主和物业服务企业按照物业服务合同约定，对房屋及配套的设施设备和相关场地进行维修、养护、管理，维护相关区域内的环境和秩序。由于我国物业管理起步晚、业务水平参差不齐，法律法规对物业企业消防安全管理缺少明确的规定，导致多数物业服务企业消防安全职责不明确、消防安全意识淡薄，尤其对其所管理的建筑消防设施、消防器材维修保养不力，使被委托建筑特别是多产权建筑滋生了大量火灾隐患，严重影响公共安全。《住宅物业消防安全管理》（GA 1283—2015）明晰了物业企业的消防安全管理职责。《实施办法》依据这些规定和标准，对物业服务企业维护共用消防设施、提供消防安全防范服务等责任提出了明确要求。

物业服务企业提供的消防安全防范服务主要包括以下方面：①制定消防安全制度，落实消防安全责任，开展消防安全宣传教育；②对共用消防设施进行维护管理，确保完好有效；③开展防火检查，消除火灾隐患；④保障疏散通道、安全出口、消防车通道畅通；⑤保障公共消防设施、器材以及消防安全标志完好有效。

第十九条　石化、轻工等行业组织应当加强行业消防安全自律管理，推动本行业消防工作，引导行业单位落实消防安全主体责任。

【条文解读】

行业协会组织是指依法成立的社团法人依据其成员共同制定的章程体现其组织职能，维护本行业单位的权益，规范市场行为，增强抵御市场风险的能力。

目前我国行业协会组织数量较多，涉及生产经营的各个领域，协会组织应当立足"提供服务、反映诉求、规范行为"的职责定位，充分发挥其在推动本行业消防工作、引导行业单位落实消防安全主体责任、加强行业消防安全自律管理方面的作用，包括：①发挥协调职能，行业协会组织作为行业整体的代表，应当利用行业整体实力较好地处理和协调各类关系，建立行业消防安全自治组织，促进行业消防安全提档升级；②发挥服务职能，行业协会组织应当为会员单位、政府等机构提供各种市场信息和消防法律法规方面的咨询与服务，举办新产品、新信息发布和推广应用，进行业务培训等；③发挥监管职能，行业协会组织在本行业中具有一定的权威，一般能够代表本行业在相关法律、法规、政策制定时表达意见，也是行业标准的制定者，应当根据行业特点，推行消防安全标准化管理，不断提升单位自我管理能力。

第二十条　消防设施检测、维护保养和消防安全评估、咨询、监测等消防技术服务机构和执业人员应当依法获得相应的资质、资格，依法依规提供消防安全技术服务，并对服务质量负责。

【条文解读】

消防工作的顺利开展，既要发挥政府、有关部门的职能作用和社会单位自我管理、全面负责的作用，又要培育、扶持、发展消防技术服务机构，把那些政府不好管、管不了的公共服务项目交给消防技术服务机构，发挥其为社会提供公共服务的作用。

（一）消防设施检测、维护保养和消防安全评估、咨询、监测等消防技术服务机构和执业人员应当依法获得相应的资质、资格。

（1）消防技术服务机构是指依照《社会消防技术服务管理规定》（公安部令第129号）成立的，从事消防设施维护、保养、检测和消防安全评估等消防技术服务活动的机构。

消防设施维护保养检测机构共分三级，其中：一级资质、二级资质的消防设施维护、保养、检测机构可以从事建筑消防设施检测、维修、保养活动；三级资质的消防设施维护、保养、检测机构可以从事生产企业授权的灭火器检查、维修、更换灭火药剂及回收等活动。

消防安全评估机构共分两级，其中：一级资质的消防安全评估机构可以在全国范围从事各种类型的消防安全评估以及咨询活动；二级资质的消防安全评估机构可以在许可所在省、自治区、直辖市范围内从事社会单位消防安全评估以及消防法律法规、消防技术标准、一般火灾隐患整改等方面的咨询活动。

（2）消防技术服务执业人员是指具有相应的消防技术服务能力和资格，依照有关规定从事消防技术服务活动的专业技术人员。

执业人员可以划分为两类：一类是专业技术人员，主要是指具有安全类、工程类、信息类、科研类等与消防专业有关的专业技术职称人员，其主要职责是组织管理和贯彻执行法律、行政法规、国家标准、行业标准和执业准则的落实情况，并在结论性文件上签字，具体承担相应的法律责任；另一类是以技能操作为主的人员，主要是指经过消防行业特有工种职业技能鉴定合格或者经消

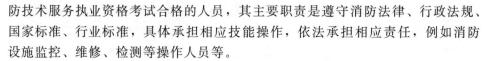

防技术服务执业资格考试合格的人员，其主要职责是遵守消防法律、行政法规、国家标准、行业标准，具体承担相应技能操作，依法承担相应责任，例如消防设施监控、维修、检测等操作人员等。

（二）依法依规提供消防安全技术服务，并对服务质量负责。

《中华人民共和国消防法》第三十四条规定，消防技术服务机构和执业人员应当取得相应的资质、资格，依法开展执业活动，并对服务质量负责。2014年，公安部颁布《社会消防技术服务管理规定》（公安部令第129号），对消防技术服务机构建立了资质许可制度。2012年9月，人力资源和社会保障部、公安部联合印发了《注册消防工程师制度暂行规定》《注册消防工程师资格考试实施办法》《一级注册消防工程师资格考核认定办法》（人社部发〔2012〕56号），建立了注册消防工程师制度。2017年国家将注册消防工程师纳入《国家职业资格目录》，列入中央设定、地方实施的行政审批事项。公安部于2017年颁布《注册消防工程师管理规定》（公安部令第143号），自2017年10月1日起，正式对取得注册工程师资格证书的人员实行注册执业管理。

《社会消防技术服务管理规定》（公安部令第129号）、《注册消防工程师管理规定》（公安部令第143号）的正式实施和衔接配套，确立了取得一级注册消防工程师资格证书的人员得以在消防技术服务机构正式注册执业的法律依据，标志着消防技术服务活动步入法制化轨道。自2015年以来，人力资源和社会保障部组织了3次全国资格考试，已取得一级注册消防工程师资格证书人员近万人，在检测、维护、保养、评估等消防技术服务机构执业的已达1900余人。

消防技术服务执业人员应当按照法律法规和规章的要求履行执业职责。公安机关消防机构应当针对本地消防技术服务活动中存在的突出问题，制定专项监督抽查计划，部署开展专项检查。对编造、倒卖、出租、出借、转让资格证书、注册证或者执业印章，出具虚假、失实消防技术服务文件等严重违法行为，依法严肃追究相关单位和人员的责任。依托消防技术服务业务管理系统，建立全流程跟踪检视机制，强化过程监管和执业公开，优化服务效能，提升社会消防技术服务质量。

第二十一条 建设工程的建设、设计、施工和监理等单位应当遵守消防法律、法规、规章和工程建设消防技术标准，在工程设计使用年限内对工程的消防设计、施工质量承担终身责任。

【条文解读】

《中华人民共和国建筑法》第五十二条规定，建筑工程勘察、设计、施工的质量必须符合国家有关建筑工程安全标准的要求。建筑工程安全标准的内容很多，其中就包括工程建设消防技术标准。符合工程建设消防技术标准才能从源头上确保建设工程符合消防安全要求。建设工程的质量如果不符合工程建设消防技术标准的要求，将会留下严重的消防安全隐患，可能会引发火灾事故，或者影响火灾扑救，给国家和人民群众的生命财产安全造成重大损失。一切从事建筑活动的单位和人员，在建设工程的设计、施工活动中，必须依法办事，保证建设工程的消防设计、施工符合消防法律法规、规章和工程建设消防技术标准。

《中华人民共和国建筑法》《中华人民共和国消防法》《建设工程质量管理条例》《建筑工程五方责任主体项目负责人质量终身责任追究暂行办法》（建质〔2014〕124号）均规定了建设单位、设计单位、施工单位、工程监理单位的质量责任和义务。建设工程的各参与单位在进行建设工程活动中必须按照法律、法规的规定承担责任和义务，各方主体对参与新建、扩建、改建的建筑工程项目按照国家法律法规和有关规定，在工程设计使用年限内对工程质量承担终身责任。

《国务院办公厅关于加强基础设施工程质量管理的通知》（国办发〔1999〕16号）明确提出建立工程质量终身负责制，项目工程质量的行政领导责任人，项目法定代表人，勘察设计、施工、监理等单位的法定代表人，要按各自的职责对其经手的工程质量负终身责任。如发生重大工程质量事故，不管调到哪里工作，担任什么职务，都要追究相应的行政和法律责任。《中华人民共和国消防法》第九条也明确规定，建设、设计、施工、工程监理等单位依法对建设工程的消防设计、施工质量负责。由此可见，建设、设计、施工、工程监理等单位对建设工程消防设计、施工质量终身负责是有政策法律依据的，而且职责是明确的。建设工程各方主体应承担以下终身责任：

（1）建设单位是工程建设项目建设过程的总负责方，拥有确定建设项目的规模、功能、外观，选用材料设备，按照国家法律法规规定选择承包单位等权力。建设单位项目负责人对工程质量承担全面责任，不得违法发包、分解发包，不得以任何理由要求勘察、设计、施工、监理单位违反法律法规和工程建设标准，降低工程质量，其违法、违规或不当行为造成工程质量事故或质量问题的应当承担终身责任。

（2）设计单位是指经过建设行政主管部门的资质审查，从事建设工程可行性研究、建设工程设计、工程咨询等工作的单位。设计单位项目负责人应当对承接的建设工程消防设计质量承担终身责任，提交的消防设计文件应当符合国家工程建设消防技术标准要求。注册建筑师、注册结构工程师等注册执业人员应当在消防设计文件上签字，对消防设计文件承担终身责任。

（3）施工单位是指经过建设行政主管部门的资质审查，从事土木工程、建筑工程、线路管理设备安装、装修工程施工承包的单位。施工单位项目经理应当对承接的建设工程消防施工质量承担终身责任，按照审查合格的设计文件施工，保证工程施工的全过程符合国家工程建设消防技术标准和消防设计文件。施工单位应当建立质量责任制，确定工程项目的项目经理、技术负责人和施工管理负责人，明确消防工程施工和施工现场消防安全管理责任。

（4）工程监理单位是指经过建设行政主管部门的资质审查，受建设单位委托，依照国家法律规定要求和建设单位要求，在建设单位委托的范围内对建设工程进行监督管理的单位。监理单位总监理工程师应当按照法律法规、有关技术标准、设计文件和工程承包合同进行监理，对施工质量监理承担终身责任。

附录 A 《中华人民共和国消防法（2019 修正）》

第一章 总 则

第一条 为了预防火灾和减少火灾危害，加强应急救援工作，保护人身、财产安全，维护公共安全，制定本法。

第二条 消防工作贯彻预防为主、防消结合的方针，按照政府统一领导、部门依法监管、单位全面负责、公民积极参与的原则，实行消防安全责任制，建立健全社会化的消防工作网络。

第三条 国务院领导全国的消防工作。地方各级人民政府负责本行政区域内的消防工作。

各级人民政府应当将消防工作纳入国民经济和社会发展计划，保障消防工作与经济社会发展相适应。

第四条 国务院应急管理部门对全国的消防工作实施监督管理。县级以上地方人民政府应急管理部门对本行政区域内的消防工作实施监督管理，并由本级人民政府消防救援机构负责实施。军事设施的消防工作，由其主管单位监督管理，消防救援机构协助；矿井地下部分、核电厂、海上石油天然气设施的消防工作，由其主管单位监督管理。

县级以上人民政府其他有关部门在各自的职责范围内，依照本法和其他相关法律、法规的规定做好消防工作。

法律、行政法规对森林、草原的消防工作另有规定的，从其规定。

第五条 任何单位和个人都有维护消防安全、保护消防设施、预防火灾、报告火警的义务。任何单位和成年人都有参加有组织的灭火工作的义务。

第六条 各级人民政府应当组织开展经常性的消防宣传教育，提高公民的消防安全意识。

机关、团体、企业、事业等单位，应当加强对本单位人员的消防宣传教育。

应急管理部门及消防救援机构应当加强消防法律、法规的宣传，并督促、指导、协助有关单位做好消防宣传教育工作。

教育、人力资源行政主管部门和学校、有关职业培训机构应当将消防知识纳入教育、教学、培训的内容。

新闻、广播、电视等有关单位，应当有针对性地面向社会进行消防宣传教育。

工会、共产主义青年团、妇女联合会等团体应当结合各自工作对象的特点，组织开展消防宣传教育。

村民委员会、居民委员会应当协助人民政府以及公安机关、应急管理等部门，加强消防宣传教育。

第七条 国家鼓励、支持消防科学研究和技术创新，推广使用先进的消防和应急救援技术、设备；鼓励、支持社会力量开展消防公益活动。

对在消防工作中有突出贡献的单位和个人，应当按照国家有关规定给予表彰和奖励。

第二章 火 灾 预 防

第八条 地方各级人民政府应当将包括消防安全布局、消防站、消防供水、消防通信、消防车通道、消防装备等内容的消防规划纳入城乡规划，并负责组织实施。

城乡消防安全布局不符合消防安全要求的，应当调整、完善；公共消防设施、消防装备不足或者不适应实际需要的，应当增建、改建、配置或者进行技术改造。

第九条 建设工程的消防设计、施工必须符合国家工程建设消防技术标准。建设、设计、施工、工程监理等单位依法对建设工程的消防设计、施工质量负责。

第十条 对按照国家工程建设消防技术标准需要进行消防设计的建设工程，实行建设工程消防设计审查验收制度。

第十一条 国务院住房和城乡建设主管部门规定的特殊建设工程，建设单位应当将消防设计文件报送住房和城乡建设主管部门审查，住房和城乡建设主管部门依法对审查的结果负责。

前款规定以外的其他建设工程，建设单位申请领取施工许可证或者申请批准开工报告时应当提供满足施工需要的消防设计图纸及技术资料。

第十二条 特殊建设工程未经消防设计审查或者审查不合格的，建设单位、施工单位不得施工；其他建设工程，建设单位未提供满足施工需要的消防设计图纸及技术资料的，有关部门不得发放施工许可证或者批准开工报告。

第十三条 国务院住房和城乡建设主管部门规定应当申请消防验收的建设工程竣工，建设单位应当向住房和城乡建设主管部门申请消防验收。

前款规定以外的其他建设工程，建设单位在验收后应当报住房和城乡建设主管部门备案，住房和城乡建设主管部门应当进行抽查。

依法应当进行消防验收的建设工程，未经消防验收或者消防验收不合格的，禁止投入使用；其他建设工程经依法抽查不合格的，应当停止使用。

第十四条 建设工程消防设计审查、消防验收、备案和抽查的具体办法，由国务院住房和城乡建设主管部门规定。

第十五条 公众聚集场所在投入使用、营业前，建设单位或者使用单位应当向场所所在地的县级以上地方人民政府消防救援机构申请消防安全检查。

消防救援机构应当自受理申请之日起十个工作日内，根据消防技术标准和管理规定，对该场所进行消防安全检查。未经消防安全检查或者经检查不符合消防安全要求的，不得投入使用、营业。

第十六条 机关、团体、企业、事业等单位应当履行下列消防安全职责：

（一）落实消防安全责任制，制定本单位的消防安全制度、消防安全操作规程，制定灭火和应急疏散预案；

（二）按照国家标准、行业标准配置消防设施、器材，设置消防安全标志，并定期组织检验、维修，确保完好有效；

（三）对建筑消防设施每年至少进行一次全面检测，确保完好有效，检测记录应当完整准确，存档备查；

（四）保障疏散通道、安全出口、消防车通道畅通，保证防火防烟分区、防火间距符合消防技术标准；

（五）组织防火检查，及时消除火灾隐患；

（六）组织进行有针对性的消防演练；

（七）法律、法规规定的其他消防安全职责。

单位的主要负责人是本单位的消防安全责任人。

第十七条 县级以上地方人民政府消防救援机构应当将发生火灾可能性较大以及发生火灾可能造成重大的人身伤亡或者财产损失的单位，确定为本行政区域内的消防安全重点单位，并由应急管理部门报本级人民政府备案。

消防安全重点单位除应当履行本法第十六条规定的职责外，还应当履行下列消防安全职责：

（一）确定消防安全管理人，组织实施本单位的消防安全管理工作；

（二）建立消防档案，确定消防安全重点部位，设置防火标志，实行严格管理；

（三）实行每日防火巡查，并建立巡查记录；

（四）对职工进行岗前消防安全培训，定期组织消防安全培训和消防演练。

第十八条 同一建筑物由两个以上单位管理或者使用的，应当明确各方的消防安全责任，并确定责任人对共用的疏散通道、安全出口、建筑消防设施和消防车通道进行统一管理。

住宅区的物业服务企业应当对管理区域内的共用消防设施进行维护管理，提供消防安全防范服务。

第十九条 生产、储存、经营易燃易爆危险品的场所不得与居住场所设置在同一建筑物内，并应当与居住场所保持安全距离。

生产、储存、经营其他物品的场所与居住场所设置在同一建筑物内的，应当符合国家工程建设消防技术标准。

第二十条 举办大型群众性活动，承办人应当依法向公安机关申请安全许可，制定灭火和应急疏散预案并组织演练，明确消防安全责任分工，确定消防安全管理人员，保持消防设施和消防器材配置齐全、完好有效，保证疏散通道、安全出口、疏散指示标志、应急照明和消防车通道符合消防技术标准和管理规定。

第二十一条 禁止在具有火灾、爆炸危险的场所吸烟、使用明火。因施工等特殊情况需要使用明火作业的，应当按照规定事先办理审批手续，采取相应的消防安全措施；作业人员应当遵守消防安全规定。

进行电焊、气焊等具有火灾危险作业的人员和自动消防系统的操作人员，必须持证上岗，并遵守消防安全操作规程。

第二十二条 生产、储存、装卸易燃易爆危险品的工厂、仓库和专用车站、码头的设置，应当符合消防技术标准。易燃易爆气体和液体的充装站、供应站、调压站，应当设置在符合消防安全要求的位置，并符合防火防爆要求。

已经设置的生产、储存、装卸易燃易爆危险品的工厂、仓库和专用车站、码头，易燃易爆气体和液体的充装站、供应站、调压站，不再符合前款规定的，地方人民政府应当组织、协调有关部门、单位限期解决，消除安全隐患。

第二十三条 生产、储存、运输、销售、使用、销毁易燃易爆危险品，必须执行消防技术标准和管理规定。

进入生产、储存易燃易爆危险品的场所，必须执行消防安全规定。禁止非法携带易燃易爆危险品进入公共场所或者乘坐公共交通工具。

储存可燃物资仓库的管理，必须执行消防技术标准和管理规定。

第二十四条 消防产品必须符合国家标准；没有国家标准的，必须符合行业标准。禁止生产、销售或者使用不合格的消防产品以及国家明令淘汰的消防产品。

依法实行强制性产品认证的消防产品，由具有法定资质的认证机构按照国家标准、行业标准的强制性要求认证合格后，方可生产、销售、使用。实行强制性产品认证的消防产品目录，由国务院产品质量监督部门会同国务院应急管理部门制定并公布。

新研制的尚未制定国家标准、行业标准的消防产品，应当按照国务院产品质量监督部门会同国务院应急管理部门规定的办法，经技术鉴定符合消防安全要求的，方可生产、销售、使用。

依照本条规定经强制性产品认证合格或者技术鉴定合格的消防产品，国务院应急管理部门应当予以公布。

第二十五条　产品质量监督部门、工商行政管理部门、消防救援机构应当按照各自职责加强对消防产品质量的监督检查。

第二十六条　建筑构件、建筑材料和室内装修、装饰材料的防火性能必须符合国家标准；没有国家标准的，必须符合行业标准。

人员密集场所室内装修、装饰，应当按照消防技术标准的要求，使用不燃、难燃材料。

第二十七条　电器产品、燃气用具的产品标准，应当符合消防安全的要求。

电器产品、燃气用具的安装、使用及其线路、管路的设计、敷设、维护保养、检测，必须符合消防技术标准和管理规定。

第二十八条　任何单位、个人不得损坏、挪用或者擅自拆除、停用消防设施、器材，不得埋压、圈占、遮挡消火栓或者占用防火间距，不得占用、堵塞、封闭疏散通道、安全出口、消防车通道。人员密集场所的门窗不得设置影响逃生和灭火救援的障碍物。

第二十九条　负责公共消防设施维护管理的单位，应当保持消防供水、消防通信、消防车通道等公共消防设施的完好有效。在修建道路以及停电、停水、截断通信线路时有可能影响消防队灭火救援的，有关单位必须事先通知当地消防救援机构。

第三十条　地方各级人民政府应当加强对农村消防工作的领导，采取措施加强公共消防设施建设，组织建立和督促落实消防安全责任制。

第三十一条　在农业收获季节、森林和草原防火期间、重大节假日期间以及火灾多发季节，地方各级人民政府应当组织开展有针对性的消防宣传教育，采取防火措施，进行消防安全检查。

第三十二条　乡镇人民政府、城市街道办事处应当指导、支持和帮助村民委员会、居民委员会开展群众性的消防工作。村民委员会、居民委员会应当确定消防安全管理人，组织制定防火安全公约，进行防火安全检查。

第三十三条　国家鼓励、引导公众聚集场所和生产、储存、运输、销售易燃易爆危险品的企业投保火灾公众责任保险；鼓励保险公司承保火灾公众责任保险。

第三十四条　消防产品质量认证、消防设施检测、消防安全监测等消防技术服务机构和执业人员，应当依法获得相应的资质、资格；依照法律、行政法规、国家标准、行业标准和执业准则，接受委托提供消防技术服务，并对服务质量负责。

第三章　消　防　组　织

第三十五条　各级人民政府应当加强消防组织建设，根据经济社会发展的需要，建立多种形式的消防组织，加强消防技术人才培养，增强火灾预防、扑救和应急救援的能力。

第三十六条　县级以上地方人民政府应当按照国家规定建立国家综合性消防救援队、专职消防队，并按照国家标准配备消防装备，承担火灾扑救工作。

乡镇人民政府应当根据当地经济发展和消防工作的需要，建立专职消防队、志愿消防队，承担火灾扑救工作。

第三十七条　国家综合性消防救援队、专职消防队按照国家规定承担重大灾害事故和其他以抢救人员生命为主的应急救援工作。

第三十八条　国家综合性消防救援队、专职消防队应当充分发挥火灾扑救和应急救援专业力量的骨干作用；按照国家规定，组织实施专业技能训练，配备并维护保养装备器材，提高火灾扑救和应急救援的能力。

第二十九条　下列单位应当建立单位专职消防队，承担本单位的火灾扑救工作：

（一）大型核设施单位、大型发电厂、民用机场、主要港口；

（二）生产、储存易燃易爆危险品的大型企业；

（三）储备可燃的重要物资的大型仓库、基地；

（四）第一项、第二项、第三项规定以外的火灾危险性较大、距离国家综合性消防救援队较远的其他大型企业；

（五）距离国家综合性消防救援队较远、被列为全国重点文物保护单位的古建筑群的管理单位。

第四十条　专职消防队的建立，应当符合国家有关规定，并报当地消防救援机构验收。

专职消防队的队员依法享受社会保险和福利待遇。

第四十一条　机关、团体、企业、事业等单位以及村民委员会、居民委员会根据需要，建立志愿消防队等多种形式的消防组织，开展群众性自防自救工作。

第四十二条 消防救援机构应当对专职消防队、志愿消防队等消防组织进行业务指导；根据扑救火灾的需要，可以调动指挥专职消防队参加火灾扑救工作。

第四章 灭 火 救 援

第四十三条 县级以上地方人民政府应当组织有关部门针对本行政区域内的火灾特点制定应急预案，建立应急反应和处置机制，为火灾扑救和应急救援工作提供人员、装备等保障。

第四十四条 任何人发现火灾都应当立即报警。任何单位、个人都应当无偿为报警提供便利，不得阻拦报警。严禁谎报火警。

人员密集场所发生火灾，该场所的现场工作人员应当立即组织、引导在场人员疏散。

任何单位发生火灾，必须立即组织力量扑救。邻近单位应当给予支援。

消防队接到火警，必须立即赶赴火灾现场，救助遇险人员，排除险情，扑灭火灾。

第四十五条 消防救援机构统一组织和指挥火灾现场扑救，应当优先保障遇险人员的生命安全。火灾现场总指挥根据扑救火灾的需要，有权决定下列事项：

（一）使用各种水源；

（二）截断电力、可燃气体和可燃液体的输送，限制用火用电；

（三）划定警戒区，实行局部交通管制；

（四）利用临近建筑物和有关设施；

（五）为了抢救人员和重要物资，防止火势蔓延，拆除或者破损毗邻火灾现场的建筑物、构筑物或者设施等；

（六）调动供水、供电、供气、通信、医疗救护、交通运输、环境保护等有关单位协助灭火救援。

根据扑救火灾的紧急需要，有关地方人民政府应当组织人员、调集所需物资支援灭火。

第四十六条 国家综合性消防救援队、专职消防队参加火灾以外的其他重大灾害事故的应急救援工作，由县级以上人民政府统一领导。

第四十七条 消防车、消防艇前往执行火灾扑救或者应急救援任务，在确保安全的前提下，不受行驶速度、行驶路线、行驶方向和指挥信号的限制，其他车辆、船舶以及行人应当让行，不得穿插超越；收费公路、桥梁免收车辆通行费。交通管理指挥人员应当保证消防车、消防艇迅速通行。

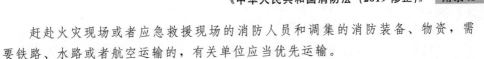

赶赴火灾现场或者应急救援现场的消防人员和调集的消防装备、物资，需要铁路、水路或者航空运输的，有关单位应当优先运输。

第四十八条　消防车、消防艇以及消防器材、装备和设施，不得用于与消防和应急救援工作无关的事项。

第四十九条　国家综合性消防救援队、专职消防队扑救火灾、应急救援，不得收取任何费用。

单位专职消防队、志愿消防队参加扑救外单位火灾所损耗的燃料、灭火剂和器材、装备等，由火灾发生地的人民政府给予补偿。

第五十条　对因参加扑救火灾或者应急救援受伤、致残或者死亡的人员，按照国家有关规定给予医疗、抚恤。

第五十一条　消防救援机构有权根据需要封闭火灾现场，负责调查火灾原因，统计火灾损失。

火灾扑灭后，发生火灾的单位和相关人员应当按照消防救援机构的要求保护现场，接受事故调查，如实提供与火灾有关的情况。

消防救援机构根据火灾现场勘验、调查情况和有关的检验、鉴定意见，及时制作火灾事故认定书，作为处理火灾事故的证据。

第五章　监　督　检　查

第五十二条　地方各级人民政府应当落实消防工作责任制，对本级人民政府有关部门履行消防安全职责的情况进行监督检查。

县级以上地方人民政府有关部门应当根据本系统的特点，有针对性地开展消防安全检查，及时督促整改火灾隐患。

第五十三条　消防救援机构应当对机关、团体、企业、事业等单位遵守消防法律、法规的情况依法进行监督检查。公安派出所可以负责日常消防监督检查、开展消防宣传教育，具体办法由国务院公安部门规定。

消防救援机构、公安派出所的工作人员进行消防监督检查，应当出示证件。

第五十四条　消防救援机构在消防监督检查中发现火灾隐患的，应当通知有关单位或者个人立即采取措施消除隐患；不及时消除隐患可能严重威胁公共安全的，消防救援机构应当依照规定对危险部位或者场所采取临时查封措施。

第五十五条　消防救援机构在消防监督检查中发现城乡消防安全布局、公共消防设施不符合消防安全要求，或者发现本地区存在影响公共安全的重大火灾隐患的，应当由应急管理部门书面报告本级人民政府。

接到报告的人民政府应当及时核实情况，组织或者责成有关部门、单位采取措施，予以整改。

第五十六条 住房和城乡建设主管部门、消防救援机构及其工作人员应当按照法定的职权和程序进行消防设计审查、消防验收、备案抽查和消防安全检查，做到公正、严格、文明、高效。

住房和城乡建设主管部门、消防救援机构及其工作人员进行消防设计审查、消防验收、备案抽查和消防安全检查等，不得收取费用，不得利用职务谋取利益；不得利用职务为用户、建设单位指定或者变相指定消防产品的品牌、销售单位或者消防技术服务机构、消防设施施工单位。

第五十七条 住房和城乡建设主管部门、消防救援机构及其工作人员执行职务，应当自觉接受社会和公民的监督。

任何单位和个人都有权对住房和城乡建设主管部门、消防救援机构及其工作人员在执法中的违法行为进行检举、控告。收到检举、控告的机关，应当按照职责及时查处。

第六章 法 律 责 任

第五十八条 违反本法规定，有下列行为之一的，由住房和城乡建设主管部门、消防救援机构按照各自职权责令停止施工、停止使用或者停产停业，并处三万元以上三十万元以下罚款：

（一）依法应当进行消防设计审查的建设工程，未经依法审查或者审查不合格，擅自施工的；

（二）依法应当进行消防验收的建设工程，未经消防验收或者消防验收不合格，擅自投入使用的；

（三）本法第十三条规定的其他建设工程验收后经依法抽查不合格，不停止使用的；

（四）公众聚集场所未经消防安全检查或者经检查不符合消防安全要求，擅自投入使用、营业的。

建设单位未依照本法规定在验收后报住房和城乡建设主管部门备案的，由住房和城乡建设主管部门责令改正，处五千元以下罚款。

第五十九条 违反本法规定，有下列行为之一的，由住房和城乡建设主管部门责令改正或者停止施工，并处一万元以上十万元以下罚款：

（一）建设单位要求建筑设计单位或者建筑施工企业降低消防技术标准设计、施工的；

（二）建筑设计单位不按照消防技术标准强制性要求进行消防设计的；

（三）建筑施工企业不按照消防设计文件和消防技术标准施工，降低消防施工质量的；

（四）工程监理单位与建设单位或者建筑施工企业串通，弄虚作假，降低消防施工质量的。

第六十条 单位违反本法规定，有下列行为之一的，责令改正，处五千元以上五万元以下罚款：

（一）消防设施、器材或者消防安全标志的配置、设置不符合国家标准、行业标准，或者未保持完好有效的；

（二）损坏、挪用或者擅自拆除、停用消防设施、器材的；

（三）占用、堵塞、封闭疏散通道、安全出口或者有其他妨碍安全疏散行为的；

（四）埋压、圈占、遮挡消火栓或者占用防火间距的；

（五）占用、堵塞、封闭消防车通道，妨碍消防车通行的；

（六）人员密集场所在门窗上设置影响逃生和灭火救援的障碍物的；

（七）对火灾隐患经消防救援机构通知后不及时采取措施消除的。

个人有前款第二项、第三项、第四项、第五项行为之一的，处警告或者五百元以下罚款。

有本条第一款第三项、第四项、第五项、第六项行为，经责令改正拒不改正的，强制执行，所需费用由违法行为人承担。

第六十一条 生产、储存、经营易燃易爆危险品的场所与居住场所设置在同一建筑物内，或者未与居住场所保持安全距离的，责令停产停业，并处五千元以上五万元以下罚款。

生产、储存、经营其他物品的场所与居住场所设置在同一建筑物内，不符合消防技术标准的，依照前款规定处罚。

第六十二条 有下列行为之一的，依照《中华人民共和国治安管理处罚法》的规定处罚：

（一）违反有关消防技术标准和管理规定生产、储存、运输、销售、使用、销毁易燃易爆危险品的；

（二）非法携带易燃易爆危险品进入公共场所或者乘坐公共交通工具的；

（三）谎报火警的；

（四）阻碍消防车、消防艇执行任务的；

（五）阻碍消防救援机构的工作人员依法执行职务的。

第六十三条 违反本法规定，有下列行为之一的，处警告或者五百元以下罚款；情节严重的，处五日以下拘留：

（一）违反消防安全规定进入生产、储存易燃易爆危险品场所的；

（二）违反规定使用明火作业或者在具有火灾、爆炸危险的场所吸烟、使用明火的。

第六十四条　违反本法规定，有下列行为之一，尚不构成犯罪的，处十日以上十五日以下拘留，可以并处五百元以下罚款；情节较轻的，处警告或者五百元以下罚款：

（一）指使或者强令他人违反消防安全规定，冒险作业的；

（二）过失引起火灾的；

（三）在火灾发生后阻拦报警，或者负有报告职责的人员不及时报警的；

（四）扰乱火灾现场秩序，或者拒不执行火灾现场指挥员指挥，影响灭火救援的；

（五）故意破坏或者伪造火灾现场的；

（六）擅自拆封或者使用被消防救援机构查封的场所、部位的。

第六十五条　违反本法规定，生产、销售不合格的消防产品或者国家明令淘汰的消防产品的，由产品质量监督部门或者工商行政管理部门依照《中华人民共和国产品质量法》的规定从重处罚。

人员密集场所使用不合格的消防产品或者国家明令淘汰的消防产品的，责令限期改正；逾期不改正的，处五千元以上五万元以下罚款，并对其直接负责的主管人员和其他直接责任人员处五百元以上二千元以下罚款；情节严重的，责令停产停业。

消防救援机构对于本条第二款规定的情形，除依法对使用者予以处罚外，应当将发现不合格的消防产品和国家明令淘汰的消防产品的情况通报产品质量监督部门、工商行政管理部门。产品质量监督部门、工商行政管理部门应当对生产者、销售者依法及时查处。

第六十六条　电器产品、燃气用具的安装、使用及其线路、管路的设计、敷设、维护保养、检测不符合消防技术标准和管理规定的，责令限期改正；逾期不改正的，责令停止使用，可以并处一千元以上五千元以下罚款。

第六十七条　机关、团体、企业、事业等单位违反本法第十六条、第十七条、第十八条、第二十一条第二款规定的，责令限期改正；逾期不改正的，对其直接负责的主管人员和其他直接责任人员依法给予处分或者给予警告处罚。

第六十八条　人员密集场所发生火灾，该场所的现场工作人员不履行组织、引导在场人员疏散的义务，情节严重，尚不构成犯罪的，处五日以上十日以下拘留。

第六十九条　消防产品质量认证、消防设施检测等消防技术服务机构出具虚假文件的，责令改正，处五万元以上十万元以下罚款，并对直接负责的主管人员和其他直接责任人员处一万元以上五万元以下罚款；有违法所得的，并处没收违法所得；给他人造成损失的，依法承担赔偿责任；情节严重的，由原许可机关依法责令停止执业或者吊销相应资质、资格。

前款规定的机构出具失实文件，给他人造成损失的，依法承担赔偿责任；造成重大损失的，由原许可机关依法责令停止执业或者吊销相应资质、资格。

第七十条 本法规定的行政处罚，除应当由公安机关依照《中华人民共和国治安管理处罚法》的有关规定决定的外，由住房和城乡建设主管部门、消防救援机构按照各自职权决定。

被责令停止施工、停止使用、停产停业的，应当在整改后向作出决定的部门或者机构报告，经检查合格，方可恢复施工、使用、生产、经营。

当事人逾期不执行停产停业、停止使用、停止施工决定的，由作出决定的部门或者机构强制执行。

责令停产停业，对经济和社会生活影响较大的，由住房和城乡建设主管部门或者应急管理部门报请本级人民政府依法决定。

第七十一条 住房和城乡建设主管部门、消防救援机构的工作人员滥用职权、玩忽职守、徇私舞弊，有下列行为之一，尚不构成犯罪的，依法给予处分：

（一）对不符合消防安全要求的消防设计文件、建设工程、场所准予审查合格、消防验收合格、消防安全检查合格的；

（二）无故拖延消防设计审查、消防验收、消防安全检查，不在法定期限内履行职责的；

（三）发现火灾隐患不及时通知有关单位或者个人整改的；

（四）利用职务为用户、建设单位指定或者变相指定消防产品的品牌、销售单位或者消防技术服务机构、消防设施施工单位的；

（五）将消防车、消防艇以及消防器材、装备和设施用于与消防和应急救援无关的事项的；

（六）其他滥用职权、玩忽职守、徇私舞弊的行为。

产品质量监督、工商行政管理等其他有关行政主管部门的工作人员在消防工作中滥用职权、玩忽职守、徇私舞弊，尚不构成犯罪的，依法给予处分。

第七十二条 违反本法规定，构成犯罪的，依法追究刑事责任。

第七章　附　　则

第七十三条 本法下列用语的含义：

（一）消防设施，是指火灾自动报警系统、自动灭火系统、消火栓系统、防烟排烟系统以及应急广播和应急照明、安全疏散设施等。

（二）消防产品，是指专门用于火灾预防、灭火救援和火灾防护、避难、逃生的产品。

（三）公众聚集场所，是指宾馆、饭店、商场、集贸市场、客运车站候车室、客运码头候船厅、民用机场航站楼、体育场馆、会堂以及公共娱乐场所等。

（四）人员密集场所，是指公众聚集场所，医院的门诊楼、病房楼，学校的教学楼、图书馆、食堂和集体宿舍，养老院，福利院，托儿所，幼儿园，公共图书馆的阅览室，公共展览馆、博物馆的展示厅，劳动密集型企业的生产加工车间和员工集体宿舍，旅游、宗教活动场所等。

第七十四条　本法自 2009 年 5 月 1 日起施行。

附录 B 《机关、团体、企业、事业单位消防安全管理规定》

（中华人民共和国公安部令 第 61 号）

第一章 总 则

第一条 为了加强和规范机关、团体、企业、事业单位的消防安全管理，预防火灾和减少火灾危害，根据《中华人民共和国消防法》，制定本规定。

第二条 本规定适用于中华人民共和国境内的机关、团体、企业、事业单位（以下统称单位）自身的消防安全管理。

法律、法规另有规定的除外。

第三条 单位应当遵守消防法律、法规、规章（以下统称消防法规），贯彻预防为主、防消结合的消防工作方针，履行消防安全职责，保障消防安全。

第四条 法人单位的法定代表人或者非法人单位的主要负责人是单位的消防安全责任人，对本单位的消防安全工作全面负责。

第五条 单位应当落实逐级消防安全责任制和岗位消防安全责任制，明确逐级和岗位消防安全职责，确定各级、各岗位的消防安全责任人。

第二章 消防安全责任

第六条 单位的消防安全责任人应当履行下列消防安全职责：

（一）贯彻执行消防法规，保障单位消防安全符合规定，掌握本单位的消防安全情况；

（二）将消防工作与本单位的生产、科研、经营、管理等活动统筹安排，批准实施年度消防工作计划；

（三）为本单位的消防安全提供必要的经费和组织保障；

（四）确定逐级消防安全责任，批准实施消防安全制度和保障消防安全的操作规程；

（五）组织防火检查，督促落实火灾隐患整改，及时处理涉及消防安全的重大问题；

（六）根据消防法规的规定建立专职消防队、义务消防队；

（七）组织制定符合本单位实际的灭火和应急疏散预案，并实施演练。

第七条 单位可以根据需要确定本单位的消防安全管理人。消防安全管理人对单位的消防安全责任人负责，实施和组织落实下列消防安全管理工作：

（一）拟订年度消防工作计划，组织实施日常消防安全管理工作；

（二）组织制订消防安全制度和保障消防安全的操作规程并检查督促其落实；

（三）拟订消防安全工作的资金投入和组织保障方案；

（四）组织实施防火检查和火灾隐患整改工作；

（五）组织实施对本单位消防设施、灭火器材和消防安全标志的维护保养，确保其完好有效，确保疏散通道和安全出口畅通；

（六）组织管理专职消防队和义务消防队；

（七）在员工中组织开展消防知识、技能的宣传教育和培训，组织灭火和应急疏散预案的实施和演练；

（八）单位消防安全责任人委托的其他消防安全管理工作。

消防安全管理人应当定期向消防安全责任人报告消防安全情况，及时报告涉及消防安全的重大问题。未确定消防安全管理人的单位，前款规定的消防安全管理工作由单位消防安全责任人负责实施。

第八条 实行承包、租赁或者委托经营、管理时，产权单位应当提供符合消防安全要求的建筑物，当事人在订立的合同中依照有关规定明确各方的消防安全责任；消防车通道、涉及公共消防安全的疏散设施和其他建筑消防设施应当由产权单位或者委托管理的单位统一管理。承包、承租或者受委托经营、管理的单位应当遵守本规定，在其使用、管理范围内履行消防安全职责。

第九条 对于有两个以上产权单位和使用单位的建筑物，各产权单位、使用单位对消防车通道、涉及公共消防安全的疏散设施和其他建筑消防设施应当明确管理责任，可以委托统一管理。

第十条 居民住宅区的物业管理单位应当在管理范围内履行下列消防安全职责：

（一）制定消防安全制度，落实消防安全责任，开展消防安全宣传教育；

（二）开展防火检查，消除火灾隐患；

（三）保障疏散通道、安全出口、消防车通道畅通；

（四）保障公共消防设施、器材以及消防安全标志完好有效。

其他物业管理单位应当对受委托管理范围内的公共消防安全管理工作负责。

第十一条 举办集会、焰火晚会、灯会等具有火灾危险的大型活动的主办单位、承办单位以及提供场地的单位，应当在订立的合同中明确各方的消防安全责任。

第十二条 建筑工程施工现场的消防安全由施工单位负责。实行施工总承包的，由总承包单位负责。分包单位向总承包单位负责，服从总承包单位对施工现场的消防安全管理。

对建筑物进行局部改建、扩建和装修的工程，建设单位应当与施工单位在订立的合同中明确各方对施工现场的消防安全责任。

第三章　消防安全管理

第十三条 下列范围的单位是消防安全重点单位，应当按照本规定的要求，实行严格管理：

（一）商场（市场）、宾馆（饭店）、体育场（馆）、会堂、公共娱乐场所等公众聚集场所（以下统称公众聚集场所）；

（二）医院、养老院和寄宿制的学校、托儿所、幼儿园；

（三）国家机关；

（四）广播电台、电视台和邮政、通信枢纽；

（五）客运车站、码头、民用机场；

（六）公共图书馆、展览馆、博物馆、档案馆以及具有火灾危险性的文物保护单位；

（七）发电厂（站）和电网经营企业；

（八）易燃易爆化学物品的生产、充装、储存、供应、销售单位；

（九）服装、制鞋等劳动密集型生产、加工企业；

（十）重要的科研单位；

（十一）其他发生火灾可能性较大以及一旦发生火灾可能造成重大人身伤亡或者财产损失的单位。

高层办公楼（写字楼）、高层公寓楼等高层公共建筑，城市地下铁道、地下观光隧道等地下公共建筑和城市重要的交通隧道，粮、棉、木材、百货等物资集中的大型仓库和堆场，国家和省级等重点工程的施工现场，应当按照本规定对消防安全重点单位的要求，实行严格管理。

第十四条 消防安全重点单位及其消防安全责任人、消防安全管理人应当报当地公安消防机构备案。

第十五条 消防安全重点单位应当设置或者确定消防工作的归口管理职能部门，并确定专职或者兼职的消防管理人员；其他单位应当确定专职或者兼职消防管理人员，可以确定消防工作的归口管理职能部门。归口管理职能部门和专兼职消防管理人员在消防安全责任人或者消防安全管理人的领导下开展消防安全管理工作。

第十六条 公众聚集场所应当在具备下列消防安全条件后，向当地公安消防机构申报进行消防安全检查，经检查合格后方可开业使用：

（一）依法办理建筑工程消防设计审核手续，并经消防验收合格；

（二）建立健全消防安全组织，消防安全责任明确；

（三）建立消防安全管理制度和保障消防安全的操作规程；

（四）员工经过消防安全培训；

（五）建筑消防设施齐全、完好有效；

（六）制定灭火和应急疏散预案。

第十七条 举办集会、焰火晚会、灯会等具有火灾危险的大型活动，主办或者承办单位应当在具备消防安全条件后，向公安消防机构申报对活动现场进行消防安全检查，经检查合格后方可举办。

第十八条 单位应当按照国家有关规定，结合本单位的特点，建立健全各项消防安全制度和保障消防安全的操作规程，并公布执行。

单位消防安全制度主要包括以下内容：消防安全教育、培训；防火巡查、检查；安全疏散设施管理；消防（控制室）值班；消防设施、器材维护管理；火灾隐患整改；用火、用电安全管理；易燃易爆危险物品和场所防火防爆；专职和义务消防队的组织管理；灭火和应急疏散预案演练；燃气和电气设备的检查和管理（包括防雷、防静电）；消防安全工作考评和奖惩；其他必要的消防安全内容。

第十九条 单位应当将容易发生火灾、一旦发生火灾可能严重危及人身和财产安全以及对消防安全有重大影响的部位确定为消防安全重点部位，设置明显的防火标志，实行严格管理。

第二十条 单位应当对动用明火实行严格的消防安全管理。禁止在具有火灾、爆炸危险的场所使用明火；因特殊情况需要进行电、气焊等明火作业的，动火部门和人员应当按照单位的用火管理制度办理审批手续，落实现场监护人，在确认无火灾、爆炸危险后方可动火施工。动火施工人员应当遵守消防安全规定，并落实相应的消防安全措施。

公众聚集场所或者两个以上单位共同使用的建筑物局部施工需要使用明火时，施工单位和使用单位应当共同采取措施，将施工区和使用区进行防火分隔，清除动火区域的易燃、可燃物，配置消防器材，专人监护，保证施工及使用范围的消防安全。

公共娱乐场所在营业期间禁止动火施工。

第二十一条　单位应当保障疏散通道、安全出口畅通，并设置符合国家规定的消防安全疏散指示标志和应急照明设施，保持防火门、防火卷帘、消防安全疏散指示标志、应急照明、机械排烟送风、火灾事故广播等设施处于正常状态。

严禁下列行为：

（一）占用疏散通道；

（二）在安全出口或者疏散通道上安装栅栏等影响疏散的障碍物；

（三）在营业、生产、教学、工作等期间将安全出口上锁、遮挡或者将消防安全疏散指示标志遮挡、覆盖；

（四）其他影响安全疏散的行为。

第二十二条　单位应当遵守国家有关规定，对易燃易爆危险物品的生产、使用、储存、销售、运输或者销毁实行严格的消防安全管理。

第二十三条　单位应当根据消防法规的有关规定，建立专职消防队、义务消防队，配备相应的消防装备、器材，并组织开展消防业务学习和灭火技能训练，提高预防和扑救火灾的能力。

第二十四条　单位发生火灾时，应当立即实施灭火和应急疏散预案，务必做到及时报警，迅速扑救火灾，及时疏散人员。邻近单位应当给予支援。任何单位、人员都应当无偿为报火警提供便利，不得阻拦报警。

单位应当为公安消防机构抢救人员、扑救火灾提供便利和条件。

火灾扑灭后，起火单位应当保护现场，接受事故调查，如实提供火灾事故的情况，协助公安消防机构调查火灾原因，核定火灾损失，查明火灾事故责任。未经公安消防机构同意，不得擅自清理火灾现场。

第四章　防　火　检　查

第二十五条　消防安全重点单位应当进行每日防火巡查，并确定巡查的人员、内容、部位和频次。其他单位可以根据需要组织防火巡查。巡查的内容应当包括：

（一）用火、用电有无违章情况；

（二）安全出口、疏散通道是否畅通，安全疏散指示标志、应急照明是否完好；

（三）消防设施、器材和消防安全标志是否在位、完整；

（四）常闭式防火门是否处于关闭状态，防火卷帘下是否堆放物品影响使用；

（五）消防安全重点部位的人员在岗情况；

（六）其他消防安全情况。

公众聚集场所在营业期间的防火巡查应当至少每二小时一次；营业结束时应当对营业现场进行检查，消除遗留火种。医院、养老院、寄宿制的学校、托儿所、幼儿园应当加强夜间防火巡查，其他消防安全重点单位可以结合实际组织夜间防火巡查。

防火巡查人员应当及时纠正违章行为，妥善处置火灾危险，无法当场处置的，应当立即报告。发现初起火灾应当立即报警并及时扑救。

防火巡查应当填写巡查记录，巡查人员及其主管人员应当在巡查记录上签名。

第二十六条　机关、团体、事业单位应当至少每季度进行一次防火检查，其他单位应当至少每月进行一次防火检查。检查的内容应当包括：

（一）火灾隐患的整改情况以及防范措施的落实情况；

（二）安全疏散通道、疏散指示标志、应急照明和安全出口情况；

（三）消防车通道、消防水源情况；

（四）灭火器材配置及有效情况；

（五）用火、用电有无违章情况；

（六）重点工种人员以及其他员工消防知识的掌握情况；

（七）消防安全重点部位的管理情况；

（八）易燃易爆危险物品和场所防火防爆措施的落实情况以及其他重要物资的防火安全情况；

（九）消防（控制室）值班情况和设施运行、记录情况；

（十）防火巡查情况；

（十一）消防安全标志的设置情况和完好、有效情况；

（十二）其他需要检查的内容。

防火检查应当填写检查记录。检查人员和被检查部门负责人应当在检查记录上签名。

第二十七条　单位应当按照建筑消防设施检查维修保养有关规定的要求，对建筑消防设施的完好有效情况进行检查和维修保养。

第二十八条　设有自动消防设施的单位，应当按照有关规定定期对其自动消防设施进行全面检查测试，并出具检测报告，存档备查。

第二十九条　单位应当按照有关规定定期对灭火器进行维护保养和维修检查。对灭火器应当建立档案资料，记明配置类型、数量、设置位置、检查维修单位（人员）、更换药剂的时间等有关情况。

第五章　火灾隐患整改

第三十条　单位对存在的火灾隐患，应当及时予以消除。

第三十一条　对下列违反消防安全规定的行为，单位应当责成有关人员当场改正并督促落实：

（一）违章进入生产、储存易燃易爆危险物品场所的；

（二）违章使用明火作业或者在具有火灾、爆炸危险的场所吸烟、使用明火等违反禁令的；

（三）将安全出口上锁、遮挡，或者占用、堆放物品影响疏散通道畅通的；

（四）消火栓、灭火器材被遮挡影响使用或者被挪作他用的；

（五）常闭式防火门处于开启状态，防火卷帘下堆放物品影响使用的；

（六）消防设施管理、值班人员和防火巡查人员脱岗的；

（七）违章关闭消防设施、切断消防电源的；

（八）其他可以当场改正的行为。

违反前款规定的情况以及改正情况应当有记录并存档备查。

第三十二条　对不能当场改正的火灾隐患，消防工作归口管理职能部门或者专兼职消防管理人员应当根据本单位的管理分工，及时将存在的火灾隐患向单位的消防安全管理人或者消防安全责任人报告，提出整改方案。消防安全管理人或者消防安全责任人应当确定整改的措施、期限以及负责整改的部门、人员，并落实整改资金。

在火灾隐患未消除之前，单位应当落实防范措施，保障消防安全。不能确保消防安全，随时可能引发火灾或者一旦发生火灾将严重危及人身安全的，应当将危险部位停产停业整改。

第三十三条　火灾隐患整改完毕，负责整改的部门或者人员应当将整改情况记录报送消防安全责任人或者消防安全管理人签字确认后存档备查。

第三十四条　对于涉及城市规划布局而不能自身解决的重大火灾隐患，以及机关、团体、事业单位确无能力解决的重大火灾隐患，单位应当提出解决方案并及时向其上级主管部门或者当地人民政府报告。

第三十五条　对公安消防机构责令限期改正的火灾隐患，单位应当在规定的期限内改正并写出火灾隐患整改复函，报送公安消防机构。

第六章　消防安全宣传教育和培训

第三十六条　单位应当通过多种形式开展经常性的消防安全宣传教育。消防安全重点单位对每名员工应当至少每年进行一次消防安全培训。宣传教育和培训内容应当包括：

（一）有关消防法规、消防安全制度和保障消防安全的操作规程；

（二）本单位、本岗位的火灾危险性和防火措施；

（三）有关消防设施的性能、灭火器材的使用方法；

（四）报火警、扑救初起火灾以及自救逃生的知识和技能。

公众聚集场所对员工的消防安全培训应当至少每半年进行一次，培训的内容还应当包括组织、引导在场群众疏散的知识和技能。

单位应当组织新上岗和进入新岗位的员工进行上岗前的消防安全培训。

第三十七条 公众聚集场所在营业、活动期间，应当通过张贴图画、广播、闭路电视等向公众宣传防火、灭火、疏散逃生等常识。

学校、幼儿园应当通过寓教于乐等多种形式对学生和幼儿进行消防安全常识教育。

第三十八条 下列人员应当接受消防安全专门培训：

（一）单位的消防安全责任人、消防安全管理人；

（二）专、兼职消防管理人员；

（三）消防控制室的值班、操作人员；

（四）其他依照规定应当接受消防安全专门培训的人员。

前款规定中的第（三）项人员应当持证上岗。

第七章　灭火、应急疏散预案和演练

第三十九条 消防安全重点单位制定的灭火和应急疏散预案应当包括下列内容：

（一）组织机构，包括：灭火行动组、通讯联络组、疏散引导组、安全防护救护组；

（二）报警和接警处置程序；

（三）应急疏散的组织程序和措施；

（四）扑救初起火灾的程序和措施；

（五）通讯联络、安全防护救护的程序和措施。

第四十条 消防安全重点单位应当按照灭火和应急疏散预案，至少每半年进行一次演练，并结合实际，不断完善预案。其他单位应当结合本单位实际，参照制定相应的应急方案，至少每年组织一次演练。

消防演练时，应当设置明显标识并事先告知演练范围内的人员。

第八章 消 防 档 案

第四十一条 消防安全重点单位应当建立健全消防档案。消防档案应当包括消防安全基本情况和消防安全管理情况。消防档案应当详实，全面反映单位消防工作的基本情况，并附有必要的图表，根据情况变化及时更新。

单位应当对消防档案统一保管、备查。

第四十二条 消防安全基本情况应当包括以下内容：

（一）单位基本概况和消防安全重点部位情况；

（二）建筑物或者场所施工、使用或者开业前的消防设计审核、消防验收以及消防安全检查的文件、资料；

（三）消防管理组织机构和各级消防安全责任人；

（四）消防安全制度；

（五）消防设施、灭火器材情况；

（六）专职消防队、义务消防队人员及其消防装备配备情况；

（七）与消防安全有关的重点工种人员情况；

（八）新增消防产品、防火材料的合格证明材料；

（九）灭火和应急疏散预案。

第四十三条 消防安全管理情况应当包括以下内容：

（一）公安消防机构填发的各种法律文书；

（二）消防设施定期检查记录、自动消防设施全面检查测试的报告以及维修保养的记录；

（三）火灾隐患及其整改情况记录；

（四）防火检查、巡查记录；

（五）有关燃气、电气设备检测（包括防雷、防静电）等记录资料；

（六）消防安全培训记录；

（七）灭火和应急疏散预案的演练记录；

（八）火灾情况记录；

（九）消防奖惩情况记录。

前款规定中的第（二）、（三）、（四）、（五）项记录，应当记明检查的人员、时间、部位、内容、发现的火灾隐患以及处理措施等；第（六）项记录，应当记明培训的时间、参加人员、内容等；第（七）项记录，应当记明演练的时间、地点、内容、参加部门以及人员等。

第四十四条 其他单位应当将本单位的基本概况、公安消防机构填发的各种法律文书、与消防工作有关的材料和记录等统一保管备查。

第九章 奖 惩

第四十五条 单位应当将消防安全工作纳入内部检查、考核、评比内容。对在消防安全工作中成绩突出的部门（班组）和个人，单位应当给予表彰奖励。对未依法履行消防安全职责或者违反单位消防安全制度的行为，应当依照有关规定对责任人员给予行政纪律处分或者其他处理。

第四十六条 违反本规定，依法应当给予行政处罚的，依照有关法律、法规予以处罚；构成犯罪的，依法追究刑事责任。

第十章 附 则

第四十七条 公安消防机构对本规定的执行情况依法实施监督，并对自身滥用职权、玩忽职守、徇私舞弊的行为承担法律责任。

第四十八条 规定自 2002 年 5 月 1 日起施行。本规定施行以前公安部发布的规章中的有关规定与本规定不一致的，以本规定为准。

附录 C 《消防安全责任制实施办法》

(国办发〔2017〕87 号)

第一章 总 则

第一条 为深入贯彻《中华人民共和国消防法》《中华人民共和国安全生产法》和党中央、国务院关于安全生产及消防安全的重要决策部署，按照政府统一领导、部门依法监管、单位全面负责、公民积极参与的原则，坚持党政同责、一岗双责、齐抓共管、失职追责，进一步健全消防安全责任制，提高公共消防安全水平，预防火灾和减少火灾危害，保障人民群众生命财产安全，制定本办法。

第二条 地方各级人民政府负责本行政区域内的消防工作，政府主要负责人为第一责任人，分管负责人为主要责任人，班子其他成员对分管范围内的消防工作负领导责任。

第三条 国务院公安部门对全国的消防工作实施监督管理。县级以上地方人民政府公安机关对本行政区域内的消防工作实施监督管理。县级以上人民政府其他有关部门按照管行业必须管安全、管业务必须管安全、管生产经营必须管安全的要求，在各自职责范围内依法依规做好本行业、本系统的消防安全工作。

第四条 坚持安全自查、隐患自除、责任自负。机关、团体、企业、事业等单位是消防安全的责任主体，法定代表人、主要负责人或实际控制人是本单位、本场所消防安全责任人，对本单位、本场所消防安全全面负责。

消防安全重点单位应当确定消防安全管理人，组织实施本单位的消防安全管理工作。

第五条 坚持权责一致、依法履职、失职追责。对不履行或不按规定履行消防安全职责的单位和个人，依法依规追究责任。

第二章 地方各级人民政府消防工作职责

第六条 县级以上地方各级人民政府应当落实消防工作责任制，履行下列职责：

（一）贯彻执行国家法律法规和方针政策，以及上级党委、政府关于消防工作的部署要求，全面负责本地区消防工作，每年召开消防工作会议，研究部署本地区消防工作重大事项。每年向上级人民政府专题报告本地区消防工作情况。健全由政府主要负责人或分管负责人牵头的消防工作协调机制，推动落实消防工作责任。

（二）将消防工作纳入经济社会发展总体规划，将包括消防安全布局、消防站、消防供水、消防通信、消防车通道、消防装备等内容的消防规划纳入城乡规划，并负责组织实施，确保消防工作与经济社会发展相适应。

（三）督促所属部门和下级人民政府落实消防安全责任制，在农业收获季节、森林和草原防火期间、重大节假日和重要活动期间以及火灾多发季节，组织开展消防安全检查。推动消防科学研究和技术创新，推广使用先进消防和应急救援技术、设备。组织开展经常性的消防宣传工作。大力发展消防公益事业。采取政府购买公共服务等方式，推进消防教育培训、技术服务和物防、技防等工作。

（四）建立常态化火灾隐患排查整治机制，组织实施重大火灾隐患和区域性火灾隐患整治工作。实行重大火灾隐患挂牌督办制度。对报请挂牌督办的重大火灾隐患和停产停业整改报告，在 7 个工作日内作出同意或不同意的决定，并组织有关部门督促隐患单位采取措施予以整改。

（五）依法建立公安消防队和政府专职消防队。明确政府专职消防队公益属性，采取招聘、购买服务等方式招录政府专职消防队员，建设营房，配齐装备；按规定落实其工资、保险和相关福利待遇。

（六）组织领导火灾扑救和应急救援工作。组织制定灭火救援应急预案，定期组织开展演练；建立灭火救援社会联动和应急反应处置机制，落实人员、装备、经费和灭火药剂等保障，根据需要调集灭火救援所需工程机械和特殊装备。

（七）法律、法规、规章规定的其他消防工作职责。

第七条　省、自治区、直辖市人民政府除履行第六条规定的职责外，还应当履行下列职责：

（一）定期召开政府常务会议、办公会议，研究部署消防工作。

（二）针对本地区消防安全特点和实际情况，及时提请同级人大及其常委会制定、修订地方性法规，组织制定、修订政府规章、规范性文件。

（三）将消防安全的总体要求纳入城市总体规划，并严格审核。

（四）加大消防投入，保障消防事业发展所需经费。

第八条　市、县级人民政府除履行第六条规定的职责外，还应当履行下列职责：

（一）定期召开政府常务会议、办公会议，研究部署消防工作。

（二）科学编制和严格落实城乡消防规划，预留消防队站、训练设施等建设用地。加强消防水源建设，按照规定建设市政消防供水设施，制定市政消防水源管理办法，明确建设、管理维护部门和单位。

（三）在本级政府预算中安排必要的资金，保障消防站、消防供水、消防通信等公共消防设施和消防装备建设，促进消防事业发展。

（四）将消防公共服务事项纳入政府民生工程或为民办实事工程；在社会福利机构、幼儿园、托儿所、居民家庭、小旅馆、群租房以及住宿与生产、储存、经营合用的场所推广安装简易喷淋装置、独立式感烟火灾探测报警器。

（五）定期分析评估本地区消防安全形势，组织开展火灾隐患排查整治工作；对重大火灾隐患，应当组织有关部门制定整改措施，督促限期消除。

（六）加强消防宣传教育培训，有计划地建设公益性消防科普教育基地，开展消防科普教育活动。

（七）按照立法权限，针对本地区消防安全特点和实际情况，及时提请同级人大及其常委会制定、修订地方性法规，组织制定、修订地方政府规章、规范性文件。

第九条 乡镇人民政府消防工作职责：

（一）建立消防安全组织，明确专人负责消防工作，制定消防安全制度，落实消防安全措施。

（二）安排必要的资金，用于公共消防设施建设和业务经费支出。

（三）将消防安全内容纳入镇总体规划、乡规划，并严格组织实施。

（四）根据当地经济发展和消防工作的需要建立专职消防队、志愿消防队，承担火灾扑救、应急救援等职能，并开展消防宣传、防火巡查、隐患查改。

（五）因地制宜落实消防安全"网格化"管理的措施和要求，加强消防宣传和应急疏散演练。

（六）部署消防安全整治，组织开展消防安全检查，督促整改火灾隐患。

（七）指导村（居）民委员会开展群众性的消防工作，确定消防安全管理人，制定防火安全公约，根据需要建立志愿消防队或微型消防站，开展防火安全检查、消防宣传教育和应急疏散演练，提高城乡消防安全水平。

街道办事处应当履行前款第（一）、（四）、（五）、（六）、（七）项职责，并保障消防工作经费。

第十条 开发区管理机构、工业园区管理机构等地方人民政府的派出机关，负责管理区域内的消防工作，按照本办法履行同级别人民政府的消防工作职责。

第十一条 地方各级人民政府主要负责人应当组织实施消防法律法规、方针政策和上级部署要求，定期研究部署消防工作，协调解决本行政区域内的重大消防安全问题。

地方各级人民政府分管消防安全的负责人应当协助主要负责人，综合协调本行政区域内的消防工作，督促检查各有关部门、下级政府落实消防工作的情况。班子其他成员要定期研究部署分管领域的消防工作，组织工作督查，推动分管领域火灾隐患排查整治。

第三章　县级以上人民政府工作部门消防安全职责

第十二条　县级以上人民政府工作部门应当按照谁主管、谁负责的原则，在各自职责范围内履行下列职责：

（一）根据本行业、本系统业务工作特点，在行业安全生产法规政策、规划计划和应急预案中纳入消防安全内容，提高消防安全管理水平。

（二）依法督促本行业、本系统相关单位落实消防安全责任制，建立消防安全管理制度，确定专（兼）职消防安全管理人员，落实消防工作经费；开展针对性消防安全检查治理，消除火灾隐患；加强消防宣传教育培训，每年组织应急演练，提高行业从业人员消防安全意识。

（三）法律、法规和规章规定的其他消防安全职责。

第十三条　具有行政审批职能的部门，对审批事项中涉及消防安全的法定条件要依法严格审批，凡不符合法定条件的，不得核发相关许可证照或批准开办。对已经依法取得批准的单位，不再具备消防安全条件的应当依法予以处理。

（一）公安机关负责对消防工作实施监督管理，指导、督促机关、团体、企业、事业等单位履行消防工作职责。依法实施建设工程消防设计审核、消防验收，开展消防监督检查，组织针对性消防安全专项治理，实施消防行政处罚。组织和指挥火灾现场扑救，承担或参加重大灾害事故和其他以抢救人员生命为主的应急救援工作。依法组织或参与火灾事故调查处理工作，办理失火罪和消防责任事故罪案件。组织开展消防宣传教育培训和应急疏散演练。

（二）教育部门负责学校、幼儿园管理中的行业消防安全。指导学校消防安全教育宣传工作，将消防安全教育纳入学校安全教育活动统筹安排。

（三）民政部门负责社会福利、特困人员供养、救助管理、未成年人保护、婚姻、殡葬、救灾物资储备、烈士纪念、军休军供、优抚医院、光荣院、养老机构等民政服务机构审批或管理中的行业消防安全。

（四）人力资源社会保障部门负责职业培训机构、技工院校审批或管理中的行业消防安全。做好政府专职消防队员、企业专职消防队员依法参加工伤保险

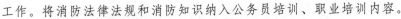

工作。将消防法律法规和消防知识纳入公务员培训、职业培训内容。

（五）城乡规划管理部门依据城乡规划配合制定消防设施布局专项规划，依据规划预留消防站规划用地，并负责监督实施。

（六）住房城乡建设部门负责依法督促建设工程责任单位加强对房屋建筑和市政基础设施工程建设的安全管理，在组织制定工程建设规范以及推广新技术、新材料、新工艺时，应充分考虑消防安全因素，满足有关消防安全性能及要求。

（七）交通运输部门负责在客运车站、港口、码头及交通工具管理中依法督促有关单位落实消防安全主体责任和有关消防工作制度。

（八）文化部门负责文化娱乐场所审批或管理中的行业消防安全工作，指导、监督公共图书馆、文化馆（站）、剧院等文化单位履行消防安全职责。

（九）卫生计生部门负责医疗卫生机构、计划生育技术服务机构审批或管理中的行业消防安全。

（十）工商行政管理部门负责依法对流通领域消防产品质量实施监督管理，查处流通领域消防产品质量违法行为。

（十一）质量技术监督部门负责依法督促特种设备生产单位加强特种设备生产过程中的消防安全管理，在组织制定特种设备产品及使用标准时，应充分考虑消防安全因素，满足有关消防安全性能及要求，积极推广消防新技术在特种设备产品中的应用。按照职责分工对消防产品质量实施监督管理，依法查处消防产品质量违法行为。做好消防安全相关标准制修订工作，负责消防相关产品质量认证监督管理工作。

（十二）新闻出版广电部门负责指导新闻出版广播影视机构消防安全管理，协助监督管理印刷业、网络视听节目服务机构消防安全。督促新闻媒体发布针对性消防安全提示，面向社会开展消防宣传教育。

（十三）安全生产监督管理部门要严格依法实施有关行政审批，凡不符合法定条件的，不得核发有关安全生产许可。

第十四条　具有行政管理或公共服务职能的部门，应当结合本部门职责为消防工作提供支持和保障。

（一）发展改革部门应当将消防工作纳入国民经济和社会发展中长期规划。地方发展改革部门应当将公共消防设施建设列入地方固定资产投资计划。

（二）科技部门负责将消防科技进步纳入科技发展规划和中央财政科技计划（专项、基金等）并组织实施。组织指导消防安全重大科技攻关、基础研究和应用研究，会同有关部门推动消防科研成果转化应用。将消防知识纳入科普教育内容。

（三）工业和信息化部门负责指导督促通信业、通信设施建设以及民用爆炸物品生产、销售的消防安全管理。依据职责负责危险化学品生产、储存的行业规划和布局。将消防产业纳入应急产业同规划、同部署、同发展。

（四）司法行政部门负责指导监督监狱系统、司法行政系统强制隔离戒毒场所的消防安全管理。将消防法律法规纳入普法教育内容。

（五）财政部门负责按规定对消防资金进行预算管理。

（六）商务部门负责指导、督促商贸行业的消防安全管理工作。

（七）房地产管理部门负责指导、督促物业服务企业按照合同约定做好住宅小区共用消防设施的维护管理工作，并指导业主依照有关规定使用住宅专项维修资金对住宅小区共用消防设施进行维修、更新、改造。

（八）电力管理部门依法对电力企业和用户执行电力法律、行政法规的情况进行监督检查，督促企业严格遵守国家消防技术标准，落实企业主体责任。推广采用先进的火灾防范技术设施，引导用户规范用电。

（九）燃气管理部门负责加强城镇燃气安全监督管理工作，督促燃气经营者指导用户安全用气并对燃气设施定期进行安全检查、排除隐患，会同有关部门制定燃气安全事故应急预案，依法查处燃气经营者和燃气用户等各方主体的燃气违法行为。

（十）人防部门负责对人民防空工程的维护管理进行监督检查。

（十一）文物部门负责文物保护单位、世界文化遗产和博物馆的行业消防安全管理。

（十二）体育、宗教事务、粮食等部门负责加强体育类场馆、宗教活动场所、储备粮储存环节等消防安全管理，指导开展消防安全标准化管理。

（十三）银行、证券、保险等金融监管机构负责督促银行业金融机构、证券业机构、保险机构及服务网点、派出机构落实消防安全管理。保险监管机构负责指导保险公司开展火灾公众责任保险业务，鼓励保险机构发挥火灾风险评估管控和火灾事故预防功能。

（十四）农业、水利、交通运输等部门应当将消防水源、消防车通道等公共消防设施纳入相关基础设施建设工程。

（十五）互联网信息、通信管理等部门应当指导网站、移动互联网媒体等开展公益性消防安全宣传。

（十六）气象、水利、地震部门应当及时将重大灾害事故预警信息通报公安消防部门。

（十七）负责公共消防设施维护管理的单位应当保持消防供水、消防通信、消防车通道等公共消防设施的完好有效。

第四章　单位消防安全职责

第十五条　机关、团体、企业、事业等单位应当落实消防安全主体责任，履行下列职责：

（一）明确各级、各岗位消防安全责任人及其职责，制定本单位的消防安全制度、消防安全操作规程、灭火和应急疏散预案。定期组织开展灭火和应急疏散演练，进行消防工作检查考核，保证各项规章制度落实。

（二）保证防火检查巡查、消防设施器材维护保养、建筑消防设施检测、火灾隐患整改、专职或志愿消防队和微型消防站建设等消防工作所需资金的投入。生产经营单位安全费用应当保证适当比例用于消防工作。

（三）按照相关标准配备消防设施、器材，设置消防安全标志，定期检验维修，对建筑消防设施每年至少进行一次全面检测，确保完好有效。设有消防控制室的，实行 24 小时值班制度，每班不少于 2 人，并持证上岗。

（四）保障疏散通道、安全出口、消防车通道畅通，保证防火防烟分区、防火间距符合消防技术标准。人员密集场所的门窗不得设置影响逃生和灭火救援的障碍物。保证建筑构件、建筑材料和室内装修装饰材料等符合消防技术标准。

（五）定期开展防火检查、巡查，及时消除火灾隐患。

（六）根据需要建立专职或志愿消防队、微型消防站，加强队伍建设，定期组织训练演练，加强消防装备配备和灭火药剂储备，建立与公安消防队联勤联动机制，提高扑救初起火灾能力。

（七）消防法律、法规、规章以及政策文件规定的其他职责。

第十六条　消防安全重点单位除履行第十五条规定的职责外，还应当履行下列职责：

（一）明确承担消防安全管理工作的机构和消防安全管理人并报知当地公安消防部门，组织实施本单位消防安全管理。消防安全管理人应当经过消防培训。

（二）建立消防档案，确定消防安全重点部位，设置防火标志，实行严格管理。

（三）安装、使用电器产品、燃气用具和敷设电气线路、管线必须符合相关标准和用电、用气安全管理规定，并定期维护保养、检测。

（四）组织员工进行岗前消防安全培训，定期组织消防安全培训和疏散演练。

（五）根据需要建立微型消防站，积极参与消防安全区域联防联控，提高自防自救能力。

（六）积极应用消防远程监控、电气火灾监测、物联网技术等技防物防措施。

第十七条　对容易造成群死群伤火灾的人员密集场所、易燃易爆单位和高层、地下公共建筑等火灾高危单位，除履行第十五条、第十六条规定的职责外，还应当履行下列职责：

（一）定期召开消防安全工作例会，研究本单位消防工作，处理涉及消防经费投入、消防设施设备购置、火灾隐患整改等重大问题。

（二）鼓励消防安全管理人取得注册消防工程师执业资格，消防安全责任人和特有工种人员须经消防安全培训；自动消防设施操作人员应取得建（构）筑物消防员资格证书。

（三）专职消防队或微型消防站应当根据本单位火灾危险特性配备相应的消防装备器材，储备足够的灭火救援药剂和物资，定期组织消防业务学习和灭火技能训练。

（四）按照国家标准配备应急逃生设施设备和疏散引导器材。

（五）建立消防安全评估制度，由具有资质的机构定期开展评估，评估结果向社会公开。

（六）参加火灾公众责任保险。

第十八条　同一建筑物由两个以上单位管理或使用的，应当明确各方的消防安全责任，并确定责任人对共用的疏散通道、安全出口、建筑消防设施和消防车通道进行统一管理。物业服务企业应当按照合同约定提供消防安全防范服务，对管理区域内的共用消防设施和疏散通道、安全出口、消防车通道进行维护管理，及时劝阻和制止占用、堵塞、封闭疏散通道、安全出口、消防车通道等行为，劝阻和制止无效的，立即向公安机关等主管部门报告。定期开展防火检查巡查和消防宣传教育。

第十九条　石化、轻工等行业组织应当加强行业消防安全自律管理，推动本行业消防工作，引导行业单位落实消防安全主体责任。

第二十条　消防设施检测、维护保养和消防安全评估、咨询、监测等消防技术服务机构和执业人员应当依法获得相应的资质、资格，依法依规提供消防安全技术服务，并对服务质量负责。

第二十一条　建设工程的建设、设计、施工和监理等单位应当遵守消防法律、法规、规章和工程建设消防技术标准，在工程设计使用年限内对工程的消防设计、施工质量承担终身责任。

第五章 责 任 落 实

第二十二条 国务院每年组织对省级人民政府消防工作完成情况进行考核，考核结果交由中央干部主管部门，作为对各省级人民政府主要负责人和领导班子综合考核评价的重要依据。

第二十三条 地方各级人民政府应当建立健全消防工作考核评价体系，明确消防工作目标责任，纳入日常检查、政务督查的重要内容，组织年度消防工作考核，确保消防安全责任落实。加强消防工作考核结果运用，建立与主要负责人、分管负责人和直接责任人履职评定、奖励惩处相挂钩的制度。

第二十四条 地方各级消防安全委员会、消防安全联席会议等消防工作协调机制应当定期召开成员单位会议，分析研判消防安全形势，协调指导消防工作开展，督促解决消防工作重大问题。

第二十五条 各有关部门应当建立单位消防安全信用记录，纳入全国信用信息共享平台，作为信用评价、项目核准、用地审批、金融扶持、财政奖补等方面的参考依据。

第二十六条 公安机关及其工作人员履行法定消防工作职责时，应当做到公正、严格、文明、高效。

公安机关及其工作人员进行消防设计审核、消防验收和消防安全检查等，不得收取费用，不得谋取利益，不得利用职务指定或者变相指定消防产品的品牌、销售单位或者消防技术服务机构、消防设施施工单位。

国务院公安部门要加强对各地公安机关及其工作人员进行消防设计审核、消防验收和消防安全检查等行为的监督管理。

第二十七条 地方各级人民政府和有关部门不依法履行职责，在涉及消防安全行政审批、公共消防设施建设、重大火灾隐患整改、消防力量发展等方面工作不力、失职渎职的，依法依规追究有关人员的责任，涉嫌犯罪的，移送司法机关处理。

第二十八条 因消防安全责任不落实发生一般及以上火灾事故的，依法依规追究单位直接责任人、法定代表人、主要负责人或实际控制人的责任，对履行职责不力、失职渎职的政府及有关部门负责人和工作人员实行问责，涉嫌犯罪的，移送司法机关处理。

发生造成人员死亡或产生社会影响的一般火灾事故的，由事故发生地县级人民政府负责组织调查处理；发生较大火灾事故的，由事故发生地设区的市级人民政府负责组织调查处理；发生重大火灾事故的，由事故发生地省级人民政府负责组织调查处理；发生特别重大火灾事故的，由国务院或国务院授权有关部门负责组织调查处理。

<h1 style="text-align:center">第六章 附 则</h1>

第二十九条 具有固定生产经营场所的个体工商户，参照本办法履行单位消防安全职责。

第三十条 微型消防站是单位、社区组建的有人员、有装备，具备扑救初起火灾能力的志愿消防队。具体标准由公安消防部门确定。

第三十一条 本办法自印发之日起施行。地方各级人民政府、国务院有关部门等可结合实际制定具体实施办法。

附录 D 《消防监督检查规定》

（中华人民共和国公安部令　第 120 号）

第一章　总　　则

第一条　为了加强和规范消防监督检查工作，督促机关、团体、企业、事业等单位（以下简称单位）履行消防安全职责，依据《中华人民共和国消防法》，制定本规定。

第二条　本规定适用于公安机关消防机构和公安派出所依法对单位遵守消防法律、法规情况进行消防监督检查。

第三条　直辖市、市（地区、州、盟）、县（市辖区、县级市、旗）公安机关消防机构具体实施消防监督检查，确定本辖区内的消防安全重点单位并由所属公安机关报本级人民政府备案。

公安派出所可以对居民住宅区的物业服务企业、居民委员会、村民委员会履行消防安全职责的情况和上级公安机关确定的单位实施日常消防监督检查。

公安派出所日常消防监督检查的单位范围由省级公安机关消防机构、公安派出所工作主管部门共同研究拟定，报省级公安机关确定。

第四条　上级公安机关消防机构应当对下级公安机关消防机构实施消防监督检查的情况进行指导和监督。

公安机关消防机构应当与公安派出所共同做好辖区消防监督工作，并对公安派出所开展日常消防监督检查工作进行指导，定期对公安派出所民警进行消防监督业务培训。

第五条　对消防监督检查的结果，公安机关消防机构可以通过适当方式向社会公告；对检查发现的影响公共安全的火灾隐患应当定期公布，提示公众注意消防安全。

第二章　消防监督检查的形式和内容

第六条　消防监督检查的形式有：

（一）对公众聚集场所在投入使用、营业前的消防安全检查；

（二）对单位履行法定消防安全职责情况的监督抽查；

（三）对举报投诉的消防安全违法行为的核查；

（四）对大型群众性活动举办前的消防安全检查；

（五）根据需要进行的其他消防监督检查。

第七条 公安机关消防机构根据本地区火灾规律、特点等消防安全需要组织监督抽查；在火灾多发季节，重大节日、重大活动前或者期间，应当组织监督抽查。

消防安全重点单位应当作为监督抽查的重点，非消防安全重点单位必须在监督抽查的单位数量中占有一定比例。对属于人员密集场所的消防安全重点单位每年至少监督检查一次。

第八条 公众聚集场所在投入使用、营业前，建设单位或者使用单位应当向场所所在地的县级以上人民政府公安机关消防机构申请消防安全检查，并提交下列材料：

（一）消防安全检查申报表；

（二）营业执照复印件或者工商行政管理机关出具的企业名称预先核准通知书；

（三）依法取得的建设工程消防验收或者进行竣工验收消防备案的法律文件复印件；

（四）消防安全制度、灭火和应急疏散预案、场所平面布置图；

（五）员工岗前消防安全教育培训记录和自动消防系统操作人员取得的消防行业特有工种职业资格证书复印件；

（六）法律、行政法规规定的其他材料。

依照《建设工程消防监督管理规定》不需要进行竣工验收消防备案的公众聚集场所申请消防安全检查的，还应当提交场所室内装修消防设计施工图、消防产品质量合格证明文件，以及装修装饰材料防火性能符合消防技术标准的证明文件、出厂合格证。

公安机关消防机构对消防安全检查的申请，应当按照行政许可有关规定受理。

第九条 对公众聚集场所投入使用、营业前进行消防安全检查，应当检查下列内容：

（一）建筑物或者场所是否依法通过消防验收合格或者进行竣工验收消防备案抽查合格；依法进行竣工验收消防备案但没有进行备案抽查的建筑物或者场所是否符合消防技术标准；

（二）消防安全制度、灭火和应急疏散预案是否制定；

（三）自动消防系统操作人员是否持证上岗，员工是否经过岗前消防安全培训；

（四）消防设施、器材是否符合消防技术标准并完好有效；

（五）疏散通道、安全出口和消防车通道是否畅通；

（六）室内装修装饰材料是否符合消防技术标准；

（七）外墙门窗上是否设置影响逃生和灭火救援的障碍物。

第十条 对单位履行法定消防安全职责情况的监督抽查，应当根据单位的实际情况检查下列内容：

（一）建筑物或者场所是否依法通过消防验收或者进行竣工验收消防备案，公众聚集场所是否通过投入使用、营业前的消防安全检查；

（二）建筑物或者场所的使用情况是否与消防验收或者进行竣工验收消防备案时确定的使用性质相符；

（三）消防安全制度、灭火和应急疏散预案是否制定；

（四）消防设施器材和消防安全标志是否定期组织维修保养，是否完好有效；

（五）电器线路、燃气管路是否定期维护保养、检测；

（六）疏散通道、安全出口、消防车通道是否畅通，防火分区是否改变，防火间距是否被占用；

（七）是否组织防火检查、消防演练和员工消防安全教育培训，自动消防系统操作人员是否持证上岗；

（八）生产、储存、经营易燃易爆危险品的场所是否与居住场所设置在同一建筑物内；

（九）生产、储存、经营其他物品的场所与居住场所设置在同一建筑物内的，是否符合消防技术标准；

（十）其他依法需要检查的内容。

对人员密集场所还应当抽查室内装修装饰材料是否符合消防技术标准、外窗墙门窗上是否设置影响逃生和灭火救援的障碍物。

第十一条 对消防安全重点单位履行法定消防安全职责情况的监督抽查，除检查本规定第十条规定的内容外，还应当检查下列内容：

（一）是否确定消防安全管理人；

（二）是否开展每日防火巡查并建立巡查记录；

（三）是否定期组织消防安全培训和消防演练；

（四）是否建立消防档案、确定消防安全重点部位。

对属于人员密集场所的消防安全重点单位，还应当检查单位灭火和应急疏散预案中承担灭火和组织疏散任务的人员是否确定。

第十二条　在大型群众性活动举办前对活动现场进行消防安全检查，应当重点检查下列内容：

（一）室内活动使用的建筑物（场所）是否依法通过消防验收或者进行竣工验收消防备案，公众聚集场所是否通过使用、营业前的消防安全检查；

（二）临时搭建的建筑物是否符合消防安全要求；

（三）是否制定灭火和应急疏散预案并组织演练；

（四）是否明确消防安全责任分工并确定消防安全管理人员；

（五）活动现场消防设施、器材是否配备齐全并完好有效；

（六）活动现场的疏散通道、安全出口和消防车通道是否畅通；

（七）活动现场的疏散指示标志和应急照明是否符合消防技术标准并完好有效。

第十三条　对大型的人员密集场所和其他特殊建设工程的施工现场进行消防监督检查，应当重点检查施工单位履行下列消防安全职责的情况：

（一）是否明确施工现场消防安全管理人员，是否制定施工现场消防安全制度、灭火和应急疏散预案；

（二）在建工程内是否设置人员住宿、可燃材料及易燃易爆危险品储存等场所；

（三）是否设置临时消防给水系统、临时消防应急照明，是否配备消防器材，并确保完好有效；

（四）是否设有消防车通道并畅通；

（五）是否组织员工消防安全教育培训和消防演练；

（六）施工现场人员宿舍、办公用房的建筑构件燃烧性能、安全疏散是否符合消防技术标准。

第三章　消防监督检查的程序

第十四条　公安机关消防机构实施消防监督检查时，检查人员不得少于两人，并出示执法身份证件。

消防监督检查应当填写检查记录，如实记录检查情况。

第十五条　对公众聚集场所投入使用、营业前的消防安全检查，公安机关消防机构应当自受理申请之日起十个工作日内进行检查，自检查之日起三个工作日内作出同意或者不同意投入使用或者营业的决定，并送达申请人。

第十六条　对大型群众性活动现场在举办前进行的消防安全检查，公安机关消防机构应当在接到本级公安机关治安部门书面通知之日起三个工作日内进行检查，并将检查记录移交本级公安机关治安部门。

第十七条 公安机关消防机构接到对消防安全违法行为的举报投诉，应当及时受理、登记，并按照《公安机关办理行政案件程序规定》的相关规定处理。

第十八条 公安机关消防机构应当按照下列时限，对举报投诉的消防安全违法行为进行实地核查：

（一）对举报投诉占用、堵塞、封闭疏散通道、安全出口或者其他妨碍安全疏散行为，以及擅自停用消防设施的，应当在接到举报投诉后二十四小时内进行核查；

（二）对举报投诉本款第一项以外的消防安全违法行为，应当在接到举报投诉之日起三个工作日内进行核查。

核查后，对消防安全违法行为应当依法处理。处理情况应当及时告知举报投诉人；无法告知的，应当在受理登记中注明。

第十九条 在消防监督检查中，公安机关消防机构对发现的依法应当立即改正的消防安全违法行为，应当当场制作、送达责令立即改正通知书，并依法予以处罚；对依法应当责令限期改正的，应当自检查之日起三个工作日内制作、送达责令限期改正通知书，并依法予以处罚。

对违法行为轻微并当场改正完毕，依法可以不予行政处罚的，可以口头责令改正，并在检查记录上注明。

第二十条 对依法责令限期改正的，应当根据改正违法行为的难易程度合理确定改正期限。

公安机关消防机构应当在责令限期改正期限届满或者收到当事人的复查申请之日起三个工作日内进行复查。对逾期不改正的，依法予以处罚。

第二十一条 在消防监督检查中，发现城乡消防安全布局、公共消防设施不符合消防安全要求，或者发现本地区存在影响公共安全的重大火灾隐患的，公安机关消防机构应当组织集体研究确定，自检查之日起七个工作日内提出处理意见，由所属公安机关书面报告本级人民政府解决；对影响公共安全的重大火灾隐患，还应当在确定之日起三个工作日内制作、送达重大火灾隐患整改通知书。

重大火灾隐患判定涉及复杂或者疑难技术问题的，公安机关消防机构应当在确定前组织专家论证。组织专家论证的，前款规定的期限可以延长十个工作日。

第二十二条 公安机关消防机构在消防监督检查中发现火灾隐患，应当通知有关单位或者个人立即采取措施消除；对具有下列情形之一，不及时消除可能严重威胁公共安全的，应当对危险部位或者场所予以临时查封：

（一）疏散通道、安全出口数量不足或者严重堵塞，已不具备安全疏散条

件的;

（二）建筑消防设施严重损坏,不再具备防火灭火功能的;

（三）人员密集场所违反消防安全规定,使用、储存易燃易爆危险品的;

（四）公众聚集场所违反消防技术标准,采用易燃、可燃材料装修,可能导致重大人员伤亡的;

（五）其他可能严重威胁公共安全的火灾隐患。

临时查封期限不得超过三十日。临时查封期限届满后,当事人仍未消除火灾隐患的,公安机关消防机构可以再次依法予以临时查封。

第二十三条 临时查封应当由公安机关消防机构负责人组织集体研究决定。决定临时查封的,应当研究确定查封危险部位或者场所的范围、期限和实施方法,并自检查之日起三个工作日内制作、送达临时查封决定书。

情况紧急、不当场查封可能严重威胁公共安全的,消防监督检查人员可以在口头报请公安机关消防机构负责人同意后当场对危险部位或者场所实施临时查封,并在临时查封后二十四小时内由公安机关消防机构负责人组织集体研究,制作、送达临时查封决定书。经集体研究认为不应当采取临时查封措施的,应当立即解除。

第二十四条 临时查封由公安机关消防机构负责人组织实施。需要公安机关其他部门或者公安派出所配合的,公安机关消防机构应当报请所属公安机关组织实施。

实施临时查封应当遵守下列规定:

（一）实施临时查封时,通知当事人到场,当场告知当事人采取临时查封的理由、依据以及当事人依法享有的权利、救济途径,听取当事人的陈述和申辩;

（二）当事人不到场的,邀请见证人到场,由见证人和消防监督检查人员在现场笔录上签名或者盖章;

（三）在危险部位或者场所及其有关设施、设备上加贴封条或者采取其他措施,使危险部位或者场所停止生产、经营或者使用;

（四）对实施临时查封情况制作现场笔录,必要时,可以进行现场照相或者录音录像。

实施临时查封后,当事人请求进入被查封的危险部位或者场所整改火灾隐患的,应当允许。但不得在被查封的危险部位或者场所生产、经营或者使用。

第二十五条 火灾隐患消除后,当事人应当向作出临时查封决定的公安机关消防机构申请解除临时查封。公安机关消防机构应当自收到申请之日起三个工作日内进行检查,自检查之日起三个工作日内作出是否同意解除临时查封的决定,并送达当事人。

对检查确认火灾隐患已消除的，应当作出解除临时查封的决定。

第二十六条 对当事人有《中华人民共和国消防法》第六十条第一款第三项、第四项、第五项、第六项规定的消防安全违法行为，经责令改正拒不改正的，公安机关消防机构应当按照《中华人民共和国行政强制法》第五十一条、第五十二条的规定组织强制清除或者拆除相关障碍物、妨碍物，所需费用由违法行为人承担。

第二十七条 当事人不执行公安机关消防机构作出的停产停业、停止使用、停止施工决定的，作出决定的公安机关消防机构应当自履行期限届满之日起三个工作日内催告当事人履行义务。当事人收到催告书后有权进行陈述和申辩。公安机关消防机构应当充分听取当事人的意见，记录、复核当事人提出的事实、理由和证据。当事人提出的事实、理由或者证据成立的，应当采纳。

经催告，当事人逾期仍不履行义务且无正当理由的，公安机关消防机构负责人应当组织集体研究强制执行方案，确定执行的方式和时间。强制执行决定书应当自决定之日起三个工作日内制作、送达当事人。

第二十八条 强制执行由作出决定的公安机关消防机构负责人组织实施。需要公安机关其他部门或者公安派出所配合的，公安机关消防机构应当报请所属公安机关组织实施；需要其他行政部门配合的，公安机关消防机构应当提出意见，并由所属公安机关报请本级人民政府组织实施。

实施强制执行应当遵守下列规定：

（一）实施强制执行时，通知当事人到场，当场向当事人宣读强制执行决定，听取当事人的陈述和申辩；

（二）当事人不到场的，邀请见证人到场，由见证人和消防监督检查人员在现场笔录上签名或者盖章；

（三）对实施强制执行过程制作现场笔录，必要时，可以进行现场照相或者录音录像；

（四）除情况紧急外，不得在夜间或者法定节假日实施强制执行；

（五）不得对居民生活采取停止供水、供电、供热、供燃气等方式迫使当事人履行义务。

有《中华人民共和国行政强制法》第三十九条、第四十条规定的情形之一的，中止执行或者终结执行。

第二十九条 对被责令停止施工、停止使用、停产停业处罚的当事人申请恢复施工、使用、生产、经营的，公安机关消防机构应当自收到书面申请之日起三个工作日内进行检查，自检查之日起三个工作日内作出决定，送达当事人。

对当事人已改正消防安全违法行为、具备消防安全条件的，公安机机构应当同意恢复施工、使用、生产、经营；对违法行为尚未改正、不具备消防安全条件的，应当不同意恢复施工、使用、生产、经营，并说明理由。

第四章 公安派出所日常消防监督检查

第三十条 公安派出所对其日常监督检查范围的单位，应当每年至少进行一次日常消防监督检查。

公安派出所对群众举报投诉的消防安全违法行为，应当及时受理，依法处理；对属于公安机关消防机构管辖的，应当依照《公安机关办理行政案件程序规定》在受理后及时移送公安机关消防机构处理。

第三十一条 公安派出所对单位进行日常消防监督检查，应当检查下列内容：

（一）建筑物或者场所是否依法通过消防验收或者进行竣工验收消防备案，公众聚集场所是否依法通过投入使用、营业前的消防安全检查；

（二）是否制定消防安全制度；

（三）是否组织防火检查、消防安全宣传教育培训、灭火和应急疏散演练；

（四）消防车通道、疏散通道、安全出口是否畅通，室内消火栓、疏散指示标志、应急照明、灭火器是否完好有效；

（五）生产、储存、经营易燃易爆危险品的场所是否与居住场所设置在同一建筑物内。

对设有消防设施的单位，公安派出所还应当检查单位是否对建筑消防设施定期组织维修保养。

对居民住宅区的物业服务企业进行日常消防监督检查，公安派出所除检查本条第一款第（二）至（四）项内容外，还应当检查物业服务企业对管理区域内共用消防设施是否进行维护管理。

第三十二条 公安派出所对居民委员会、村民委员会进行日常消防监督检查，应当检查下列内容：

（一）消防安全管理人是否确定；

（二）消防安全工作制度、村（居）民防火安全公约是否制定；

（三）是否开展消防宣传教育、防火安全检查；

（四）是否对社区、村庄消防水源（消火栓）、消防车通道、消防器材进行维护管理；

（五）是否建立志愿消防队等多种形式消防组织。

第三十三条 公安派出所民警在日常消防监督检查时，发现被检查单位有下列行为之一的，应当责令依法改正：

（一）未制定消防安全制度、未组织防火检查和消防安全教育培训、消防演练的；

（二）占用、堵塞、封闭疏散通道、安全出口的；

（三）占用、堵塞、封闭消防车通道，妨碍消防车通行的；

（四）埋压、圈占、遮挡消火栓或者占用防火间距的；

（五）室内消火栓、灭火器、疏散指示标志和应急照明未保持完好有效的；

（六）人员密集场所在门窗上设置影响逃生和灭火救援的障碍物的；

（七）违反消防安全规定进入生产、储存易燃易爆危险品场所的；

（八）违反规定使用明火作业或者在具有火灾、爆炸危险的场所吸烟、使用明火的；

（九）生产、储存和经营易燃易爆危险品的场所与居住场所设置在同一建筑物内的；

（十）未对建筑消防设施定期组织维修保养的。

公安派出所发现被检查单位的建筑物未依法通过消防验收，或者进行竣工验收消防备案，擅自投入使用的；公众聚集场所未依法通过使用、营业前的消防安全检查，擅自使用、营业的，应当在检查之日起五个工作日内书面移交公安机关消防机构处理。

公安派出所民警进行日常消防监督检查，应当填写检查记录，记录发现的消防安全违法行为、责令改正的情况。

第三十四条　公安派出所在日常消防监督检查中，发现存在严重威胁公共安全的火灾隐患，应当在责令改正的同时书面报告乡镇人民政府或者街道办事处和公安机关消防机构。

第五章　执 法 监 督

第三十五条　公安机关消防机构应当健全消防监督检查工作制度，建立执法档案，定期进行执法质量考评，落实执法过错责任追究。

公安机关消防机构及其工作人员进行消防监督检查，应当自觉接受单位和公民的监督。

第三十六条　公安机关消防机构及其工作人员在消防监督检查中有下列情形的，对直接负责的主管人员和其他直接责任人员应当依法给予处分；构成犯罪的，依法追究刑事责任：

（一）不按规定制作、送达法律文书，不按照本规定履行消防监督检查职责，拒不改正的；

（二）对不符合消防安全条件的公众聚集场所准予消防安全检查合格的；

（三）无故拖延消防安全检查，不在法定期限内履行职责的；

（四）未按照本规定组织开展消防监督抽查的；

（五）发现火灾隐患不及时通知有关单位或者个人整改的；

（六）利用消防监督检查职权为用户指定消防产品的品牌、销售单位或者指定消防安全技术服务机构、消防设施施工、维修保养单位的；

（七）接受被检查单位、个人财物或者其他不正当利益的；

（八）其他滥用职权、玩忽职守、徇私舞弊的行为。

第三十七条 公安机关消防机构工作人员的近亲属严禁在其管辖的区域或者业务范围内经营消防公司、承揽消防工程、推销消防产品。

违反前款规定的，按照有关规定对公安机关消防机构工作人员予以处分。

第六章 附 则

第三十八条 具有下列情形之一的，应当确定为火灾隐患：

（一）影响人员安全疏散或者灭火救援行动，不能立即改正的；

（二）消防设施未保持完好有效，影响防火灭火功能的；

（三）擅自改变防火分区，容易导致火势蔓延、扩大的；

（四）在人员密集场所违反消防安全规定，使用、储存易燃易爆危险品，不能立即改正的；

（五）不符合城市消防安全布局要求，影响公共安全的；

（六）其他可能增加火灾实质危险性或者危害性的情形。

重大火灾隐患按照国家有关标准认定。

第三十九条 有固定生产经营场所且具有一定规模的个体工商户，应当纳入消防监督检查范围。具体标准由省、自治区、直辖市公安机关消防机构确定并公告。

第四十条 铁路、港航、民航公安机关和国有林区的森林公安机关在管辖范围内实施消防监督检查参照本规定执行。

第四十一条 执行本规定所需要的法律文书式样，由公安部制定。

第四十二条 本规定自 2009 年 5 月 1 日起施行。2004 年 6 月 9 日发布的《消防监督检查规定》（公安部令第 73 号）同时废止。